海水淡化技术、政策及利用模式研究

高继军　王启文　齐春华 等　著

中国水利水电出版社
www.waterpub.com.cn
·北京·

内 容 提 要

　　海水淡化是解决淡水资源供应不足的战略选择。目前，海水淡化已成为我国沿海和海岛地区解决缺水问题的有效途径，已在我国的浙江、天津、山东、河北、辽宁、广东等沿海地区有广泛应用。海水淡化也已经成为世界各沿海国家解决水资源不足问题的有效途径，在很多国家和地区都有大量应用，目前世界上有 2 亿多人依靠海水淡化水生存和发展。

　　本书在系统梳理国内外海水淡化产业发展现状的基础之上，阐述了当前海水淡化技术的进展及发展趋势、我国及国际海水淡化产业发展现状、我国海水淡化产业发展的外部条件、我国海水淡化的成本、海水淡化水质安全、海水淡化水利用模式及海水淡化产业发展面临的问题，提出了当前我国海水淡化产业发展的主要任务、利用模式，对我国海水淡化产业未来的发展趋势进行了预测描述，并就如何促进我国海水淡化产业的发展提出了政策建议。

　　本书可供从事海洋经济、海水淡化产业政策、海水淡化产业发展与规划、海水淡化技术和管理等方面的研究和管理人员在实际工作中参考使用。

图书在版编目（ＣＩＰ）数据

海水淡化技术、政策及利用模式研究 ／ 高继军等著
. -- 北京 ： 中国水利水电出版社，2019.11
ISBN 978-7-5170-8195-1

Ⅰ. ①海… Ⅱ. ①高… Ⅲ. ①海水淡化－研究－中国
Ⅳ. ①P747

中国版本图书馆CIP数据核字(2019)第253975号

书　　名	**海水淡化技术、政策及利用模式研究** HAISHUI DANHUA JISHU、ZHENGCE JI LIYONG MOSHI YANJIU	
作　　者	高继军　王启文　齐春华　等 著	
出版发行	中国水利水电出版社 （北京市海淀区玉渊潭南路 1 号 D 座　100038） 网址：www. waterpub. com. cn E - mail：sales@waterpub. com. cn 电话：(010) 68367658（营销中心）	
经　　售	北京科水图书销售中心（零售） 电话：(010) 88383994、63202643、68545874 全国各地新华书店和相关出版物销售网点	
排　　版	中国水利水电出版社微机排版中心	
印　　刷	天津嘉恒印务有限公司	
规　　格	170mm×240mm　16 开本　12.5 印张　238 千字	
版　　次	2019 年 11 月第 1 版　2019 年 11 月第 1 次印刷	
印　　数	0001—1000 册	
定　　价	**68.00 元**	

《海水淡化技术、政策及利用模式研究》
编　委　会

主　　编　高继军

副 主 编　王启文　齐春华

参编人员　高　博　袁　浩　吴佳鹏　刘来胜

　　　　　徐东昱　高　阳　卓海华

前 言
FOREWORD

　　水是生命之源，生产之要，生态之基，是经济社会持续发展不可替代的基础资源，地球的生态系统与水紧密相关。我国水资源总量居世界第6位，但人均仅为世界水平的1/4，是世界上21个贫水国之一。全国有400多个城市缺水，其中110多个严重缺水。水资源短缺已经严重影响到沿海社会经济的发展以及海防的安全。解决沿海及内陆地区的淡水供应，一直是国家和各级地方政府十分关注的问题，海水淡化是其中的重要途径。

　　向海洋要淡水是我国现阶段解决水资源供应不足的战略选择。目前，海水淡化已成为我国沿海和海岛地区解决缺水问题的有效途径，浙江、天津、山东、河北、辽宁、广东等沿海地区已有广泛应用，应用领域主要为市政和电力、石化、钢铁等高耗水行业。海水取之不尽，供水不受气候影响，水质好且稳定。海水淡化已成为世界各沿海国家解决水资源不足问题的有效途径，在中东地区以及美国、以色列、西班牙、澳大利亚、新加坡等国家都有大量应用，目前世界上有2亿多人口依靠海水淡化水生存和发展。

　　在21世纪的"后危机时代"，各海洋经济强国纷纷重视海洋科技的研究与开发，希望通过自主创新来抢占竞争的制高点，以海洋高新技术为主要特征的战略性海洋新兴产业自然成为各国争相发展的重点。为应对日趋激烈的国际竞争，实现建设海洋强国的目标，应在科学发展观的指导下，以海洋科技的自主创新为切入点，以基于生态系统的海洋综合管理为发展理念，制定我国海水淡化产业发展政策，积极推动海水淡化产业实现跨越式发展，进而带动海洋经济发展方式的转变。

　　面对国际海洋经济大发展和我国海洋事业大繁荣的重大机遇，我国海水淡化产业发展要站在21世纪大发展的战略高度，以科学发展观和生态文明观为指导，统筹考虑经济、社会和海洋的全面协调和可持续发展，紧密围绕国家社会经济发展和海洋权益对海洋产业的需求，深入贯彻"科技兴海"战略方针，提升海水淡化产业的科技创新能力，使其成为海洋产业结构调整和海洋经济增长方式转变的重要推动力，将发展海水淡化产业作为全面建设小康社会的一项重要任务来完成，取得经济、社会、生态多位一体的综合效益，促进我国海洋经济可持续发展目标的实现。

基于这个时代背景和需求，本书在系统梳理国内外海水淡化产业发展现状的基础之上，阐述了当前海水淡化技术的进展及发展趋势、国内外海水淡化产业发展现状、我国海水淡化产业发展的外部条件、我国海水淡化的成本、海水淡化水质安全、海水淡化水利用模式及海水淡化产业发展面临的问题，提出了当前我国海水淡化产业发展的主要任务、利用模式，并对我国海水淡化产业未来的发展趋势进行了预测分析，并就如何促进我国海水淡化产业的发展提出了政策建议。

在此对相关资料的提供者及为编写本书付出辛勤劳动的单位及个人，表示诚挚的谢意。

由于时间仓促，难免存在疏漏，恳请读者给予指正。

编者
2019 年 10 月

目 录
CONTENTS

第1章

概　述

1.1　海水淡化的意义

水是生命之源，人类的一切活动都起源于水；水是生产之要，是经济社会持续发展不可替代的基础资源；水是生态之基，是生物生命的载体，是能量流动和物质循环的介质，地球的生态系统与水紧密相关。

我国水资源总量居世界第六位，但人均只有世界水平的 1/4，是世界上 21 个贫水国之一，全国有 400 多个城市缺水，其中 110 多个严重缺水。同时，我国南北方水资源分布与用水需求不均衡，北方地区存在较大的淡水资源缺口。特别是京津地区经济发达，人口密集，淡水资源短缺现象严重。在过去的 10 年中，北京市水资源总量每年在 16.1 亿～23.8 亿 m³，2008 年最高为 34.2 亿 m³；而每年用水总量则高达 34.3 亿～38.9 亿 m³。天津市水资源总量每年在 10.60 亿～15.24 亿 m³，2008 年最高为 18.30 亿 m³，2002 年最低仅为 3.67 亿 m³；而用水总量每年在 19.96 亿～23.00 亿 m³，供用水需求与水资源量之间存在巨大缺口。解决京津地区乃至环渤海经济区的淡水供应，一直是国家和各级地方政府十分关注的问题，海水淡化是其中的重要途径。

水资源危机解决途径主要包括：治污为本，即清洁生产、污水资源化、保护水环境、流域水质保护、饮用水水源地保护等；节流优先，即高效用水的节水型社会、节约用水、水再利用；多渠道开源，即合理开发，优化配置地表水、地下水、雨水、海水、苦咸水、再生水、水资源循环利用；引水、蓄水、调水，即实现水资源的时空转移，但不增加淡水水资源总量。

向海洋要淡水是我国现阶段解决水资源供应不足的战略选择。目前，海水淡化已成为我国沿海和海岛地区解决缺水问题的有效途径，已在我国的浙江、天津、山东、河北、辽宁、广东等沿海地区有广泛应用。应用领域主要为市政和电力、石化、钢铁等高耗水行业。海水取之不尽，供水不受气候影响，水质好且稳定。其主要技术有膜法（反渗透）和蒸馏法（低温多效，多级闪蒸），技术工艺已相当成熟。海水淡化已经成为世界各沿海国家解决水资源不足问题的有效途径，在中东地区以及美国、以色列、西班牙、澳大利亚、新加坡等国家都有大量应用。目前世界上有 2 亿多人口依靠海水淡化水生存和发展。

因此，通过海水淡化来解决水资源短缺，促进经济发展非常可行，在这方面技术发展也已经成熟，而且这些技术还可以广泛应用于苦咸水淡化、废水处理，这对于解决中西部地区水资源紧缺同样大有可为。

早在20世纪中叶，美国专设盐水局来推进水资源和脱盐技术，日本也成立了造水促进中心，推动海水淡化发展。目前，全球海水淡化日产量已接近1亿t，其中80%用于饮用水，解决了几亿人的供水问题。中东地区海水淡化占整体水供应量的50%～65%，为世界海水淡化产业发展树立了榜样，近几年来很多国家和地区发展迅速，技术和成果颇多。

50多年前我国海水淡化从电渗析和蒸馏法起步，后来开始研究反渗透技术，1975年我国开始研究大中型蒸馏技术。这些年，随着国内一批上规模的淡化装备陆续投入使用，海水淡化产业迎来了春天。沿海地区和岛屿的社会经济发展，海水淡化技术的成熟和成本的降低，促使社会对海水淡化水的需求越来越大。舟山和长岛地区，将逐步建成多个海水淡化站，滨海电厂和缺水城镇也在考虑引入海水淡化。北方滨海城市如大连和天津等，也在考虑用海水淡化水作为城市应急供水水源。这说明，随着水资源短缺形势日益严峻，我国海水淡化技术的市场前景越来越广阔。

我国在海水淡化技术方面的研发已有半个世纪，但真正规模化应用是从1997年开始的。我国的海水淡化技术目前接近于国际先进水平，也引起了国际上足够的重视，但要达到国际领先水平还需较多努力。2005年《全国海水利用专项规划》的发布，为海水利用提供了良好的政策环境，在蒸馏技术和反渗透技术方面，我国科研人员励精图治，进步不小。然而，具有自主知识产权的关键技术少、缺乏政策法规引导以及水资源开发利用市场机制不完善等，一直制约着海水淡化产业的发展。

目前，我国海水淡化水日产量已达102万t，约为全球的1%；膜价格从最开始的700～800元/m^2，降到100元/m^2左右。我国海水淡化产能，以人口来衡量，还是相当不均衡的，相对比较落后，日产量仅达百万吨级。国际上已有单机万吨级、十万吨级，而国内万吨级已是一个飞跃，亟需建设大型海水淡化厂。

1.2　海水淡化工艺概述

从国际范围来看，海水淡化主要使用两种工艺，一个是热法（蒸馏法），一个是膜法（反渗透法）。热法有多级闪蒸和低温多效技术。多级闪蒸技术，由于使用得早，目前在热法海水淡化市场中占主导地位，从投资、材料、能耗、运行管理等方面考虑，难以适合我国国情。低温多效技术相对多级闪蒸技术具有一定的经济性，所以目前此技术发展比较迅速。膜法相比热法起步较晚，热法是20世纪四五十年代逐渐开始发展起来，膜法起步于20世纪六七十年代，膜技术较大规模用在海水淡化产业则是自 20 世纪 80 年代才开始的，是近 10 多年来发展最快的淡化方法。1990 年后，随着反渗透膜性能的提高，价格的下降，高压泵和能量回收效率的提高，反渗透法成为投资最省、成本最低的海水淡化技术。目前反渗透法的制水成本为 4～5 元/t，蒸馏法制水成本 6～8 元/t。

膜技术的优点主要体现在：常温下选择性好，无化学变化，适应性强且能耗低。膜技术就好像是信息产业的芯片，谁掌握了膜技术，谁就掌握了 21 世纪化工的未来。在国际上，海水淡化技术随着水资源危机的加剧得到了快速发展，在已经开发的 10 多种淡化技术中，蒸馏法、电渗析法、反渗透法都达到了工业规模化生产的水平，并在世界各地广泛应用，膜分离技术在其中占据着不可替代的地位。海水淡化的大规模普及应用，未来水资源的可持续发展都离不开海水淡化以及膜分离技术的提高，国家应对膜分离给予充分的重视，政府要提倡和引导淡化水的使用，对于水资源耗费量大的企业要限制淡水的使用量，在政策法规上要明确鼓励用海水淡化水，对从事海水淡化的企业给予优惠待遇和产业政策扶持。同时，加快科研平台的建设和人员的培育，提高技术研发能力，加强企业竞争力，使得海水淡化产业健康快速地发展。

把含聚合物的成膜溶液倒到玻璃板上，然后刮一层薄膜，在控制的湿度和温度下，蒸发一定的时间，然后放到水里面，成膜溶液里的溶剂扩散到水里，留下的聚合物就形成一层薄膜，即反渗透膜。反渗透膜是整个海水淡化系统的核心，有选择透过（半透过）性的功能，以压力差为推动力，可使水分子不断地透过膜，将水中的杂质，如可溶性盐分、离子、有机物、细菌、病毒等物质截留，从而达到淡化净化的目的；最后将淡化的海水进行后矿化处理，使水质达到饮用水的要求。

与传统的电渗析、蒸馏法相比，反渗透膜技术最大的特点就是节能，生产同等质量的淡水，它的能源消耗仅为蒸馏法的 1/3。世界上最早开始研究反渗透膜技术的是美国，1953 年就把反渗透膜法海水淡化列到国家计划中。1967 年，我国组织多个科研机构进行海水淡化会战，国外当时就报道了醋酸纤维素膜可以进行海水淡化，但是这个膜用什么样的醋酸纤维素好，用什么样的溶剂好，用什么样的添加剂好，在什么条件下能够做出来，很多都是保密的。从材料到配方，再到生产条件，每一个环节，都要经历上千次的实验和失败，经过不断的改良和分析。1968 年初终于取得了重大突破，做出的膜脱盐率达到 96% 以上，水通量也达到了预期指标，实现了我国海水淡化的反渗透膜从无到有的目标。

1967—1969 年的全国海水淡化会战，为醋酸纤维素不对称反渗透膜的开发打下了基础；到 20 世纪 70 年代，我国主要对中空纤维和卷式反渗透膜组件进行了研究开发；80 年代和 90 年代主要对反渗透复合膜进行研究开发，并开始在我国水处理行业得到应用。反渗透膜有个非常重要的指标——脱盐率，它从 90％到 95.0％，从 99.0％到 99.5％，再到目前的 99.75％，不断取得突破。

目前我国反渗透技术在材料、设备、工艺及集成技术和应用方面取得了一定的进展，但同时也有很大的发展进步空间。首先，反渗透复合膜技术将向着更节能、耐氯、耐热、耐污方向发展；其次，膜组器技术从板式、管式、中空纤维式向卷式发展，进一步优化结构和大型化；再者，关键设备不断改进，高压泵和能量回收装置得到了快速进步，向大型化和低能耗的方向发展；最后，工艺过程持续开发，产业链向集成工艺发展，将充分利用核能、太阳能、风能等可再生能源，同时实现浓海水资源的综合利用等。

第 2 章

我国海水淡化产业发展环境

2.1 海水淡化行业定义及属性分析

海水淡化产业是指人类利用海水资源进行海水淡化和海水综合利用所开展的相关工业生产和技术活动形成的产业，其具有国民经济依赖性、经济属性、行业周期属性、战略性新兴产业属性、公共事业属性和市场竞争属性等。

1. 国民经济依赖性

我国是淡水资源缺乏的国家，人均水资源拥有量低，且时空分布不均。发展海水淡化产业，对缓解我国沿海缺水地区和海岛水资源短缺、促进中西部地区苦咸水和微咸水淡化利用，优化用水结构、保障水资源持续利用具有重要意义，有利于培育新的经济增长点，推动发展方式转变。

2. 经济属性

世界上有 10 多个国家的 100 多个科研机构在进行着海水淡化的研究，有数百种不同结构和不同容量的海水淡化设施在运行。一座现代化的大型海水淡化厂，每天可以生产几千、几万甚至近百万吨淡水。水的成本在不断降低，有些国家已经降低到和自来水价格几乎相近，某些地区的淡化水量达到了国家和城市的供水规模，海水淡化水已经初步具备了大规模应用的经济属性。

3. 行业周期属性

海水淡化在我国已有一定基础，但在产能规模、技术水平方面还处于发展初期，还属于战略性新兴产业，处于一个行业发展的初级阶段，未来还具有巨大的发展空间。

4. 战略性新兴产业属性

2010 年 10 月，国务院发布《关于加快培育和发展战略性新兴产业的决定》，其中对战略性新兴产业的定义是：以重大技术突破和重大发展需求为基础，对经济社会全局和长远发展具有重大引领带动作用，知识技术密集、物质资源消耗少、成长潜力大、综合效益好的产业。从定义来看，刻画战略性新兴产业的两个重要维度分别是技术创新和社会需求。

海水淡化产业在 21 世纪初就被定为战略性产业，一方面，海水淡化技术路线中的反渗透膜法是当前新材料研发领域的焦点，相关膜及膜组件的技术创新在苦咸水淡化、废水资源化和城市污水再生回用等循环经济领域有广泛的应用前景；同时，海水淡化相关设备装置的研发制造也是高端装备制造产业的重要方向，对推动海洋经济发展有重要作用。另一方面，从世界范围来看，海水淡化产业规模近 20 年来都保持着每年 10%～30% 的增长率，远高于普通行业的成长性和全球经济的增长率，国际社会对海水淡化水的需求十分旺盛。随着人口增长和经济发展，淡水资源的供需矛盾将进一步凸显，海水淡化产业的社会需求在可预见的未来仍将保持高速增长趋势。

5. 公用事业属性

从产业链条来看，海水淡化产业包括从最初的自然资源——海水的提取，到对资源的处理和利用——脱盐，再到最终产品——淡化水到达终端消费者手中的整个生产加工过程，其本质是对海水资源的加工和再利用，由于海水是全人类的公共资源，并没有明确的产权属性，因此对于该类资源的利用如果没有明确的规制和标准，就很容易引发经济学中的"公地悲剧"，最终导致资源的无序开发和严重浪费。

从产业的终端产品来看：一方面，提供给居民的市政用淡化水是一种公共产品，具有巨大的正外部性，一般由政府统一生产、统一供给、统一定价；另一方面，淡化水的副产品浓盐水的排放也涉及生态环境问题。因此，海水淡化产业链两端的资源和产品属性决定了该产业具有公用事业属性，政府不但需要合理规划、引导和规制产业的发展，而且需要成为该产业链中的一环，实现和履行其公共服务职能。

6. 市场竞争属性

海水淡化存在多种技术路线，从传统的多级闪蒸、低温多效、压气蒸馏等热法工艺到新兴的反渗透膜、电渗析等膜法工艺，在国内外都已经得到不同程度的发展和应用。从国外海水淡化产业的发展现状来看，由于主导技术和市场需求都逐渐走向成熟，海水淡化产业的技术研发、装备制造和设施建设环节都已经形成了具有较强竞争性的国际市场，在不同技术路线下从事设备研发制造的企业群也已经具备相当规模，国际招标、公私合作等运作模式的应用也已经相当广泛，法国 SIDEM、以色列 IDE、新加坡凯发等国际企业已经进入我国天津、青岛等地进行有关项目的合资建设和运营。

因此，从市场开放的角度看，海水淡化产业在某些中间环节上已经具备较强的市场竞争性，尤其是在技术研发、装备制造和工程建设等领域。

通过市场化的合作方式，一方面能够扩大融资渠道，提升工程质量，降低运营成本，加快我国海水淡化产业的发展速度；另一方面也能够推动装备制造和工程建设的市场化步伐，加快相关技术的市场化应用，进而提高整体的竞争力。

2.2 我国海水淡化产业政策环境

2.2.1 行业政策影响分析

"十三五"期间，我国通过产业基金、降低运营成本等方式着力推动海水淡化产业发展，海水淡化产业将向规模化、集成化方向发展，逐步成为重要的战略性新兴产业。我国将从以下 4 个方面推动海水淡化产业的发展：①实施海岛海水淡化利用工程；②促成海水淡化发展产业基金；③加大对海水淡化装置运营的扶持力度，降低运营成本；④建立完善海水淡化标准体系，培育龙头企业，形成产业规模。海水淡化相关政策见表 2-1。

表 2-1 我国海水淡化的相关政策

发布单位	发布时间	政策法规	主 要 内 容
国家海洋局	2007 年 3 月	《海水利用专项规划》	到 2010 年，我国海水淡化能力达到 80 万～100 万 m^3/d；海水直接利用能力达到 550 亿 m^3/a；海水利用对解决沿海地区缺水问题的贡献率达到 16%～24%。到 2020 年，我国海水淡化能力达到 250 万～300 万 m^3/d；海水直接利用能力达到 1000 亿 m^3/a；大幅度扩大海水化学资源的综合利用规模和水平；海水利用对解决沿海地区缺水问题的贡献率达到 26%～37%
国务院	2012 年 2 月	《国务院办公厅关于加快发展海水淡化产业的意见》	到 2015 年，我国海水淡化能力达到 220 万～260 万 m^3/d。对海岛新增供水量的贡献率达到 50% 以上，对沿海缺水地区新增工业供水量的贡献率达到 15% 以上；海水淡化原材料、装备制造自主创新率达到 70% 以上；建立较为完善的海水淡化产业链，关键技术、装备、材料的研发和制造能力达到国际先进水平
科技部	2012 年 8 月	《海水淡化科技发展"十二五"专项规划》	通过本专项 5 年的实施，初步形成我国海水淡化技术创新体系，使我国海水淡化科技整体上接近世界先进水平；加快培育和壮大海水淡化相关产业，以科技为切入点有效提升我国海水淡化产业核心竞争力；积极建设海水淡化示范工程，显著提升我国沿海地区的水资源安全保障能力

发布单位	发布时间	政策法规	主　要　内　容
国家发改委	2012 年 12 月	《海水淡化产业发展"十二五"规划》	到 2015 年，我国海水淡化能力达到 220 万 m^3/d 以上，海水淡化对解决海岛新增供水量的贡献率达到 50% 以上，对沿海缺水地区新增工业供水量的贡献率达到 15% 以上；海水淡化原材料、装备制造自主创新率达到 70% 以上；建立较为完善的海水淡化产业链，关键技术、装备、材料的研发和制造能力达到国际先进水平
国标委、国家发改委、科技部和环保部等 12 家单位	2014 年 6 月	《2014 年战略性新兴产业标准综合体指导目录》	"海水淡化标准综合体"被列入本《目录》新材料类，涉及水资源、机械制造、化工、树脂制造、分离膜等领域，"海水淡化标准综合体"研制周期为 2014—2016 年
住建部、国家发改委	2014 年 8 月	《关于进一步加强城市节水工作的通知》	因地制宜推进海水淡化利用。鼓励沿海水资源匮乏的地区和工矿企业开展海水淡化示范工作，将海水淡化水优先用于工业企业生产和冷却用水。在满足各相关指标要求，确保人体健康的前提下，开展海水淡化水进入市政供水系统试点，完善相关规范和标准
国家海洋局	2015 年 5 月	《2015 年全国海洋经济工作要点》	发挥沿海地区的积极性和主动性。以重大项目、重大工程和重大政策为抓手，以海水淡化、海洋生物医药等领域为重点，合作建立一批海洋经济示范区，打造企业投资合作平台，引导涉海企业走出去
中共中央	2015 年 11 月	《国民经济和社会发展第十三个五年规划的建议》	"十三五"期间，我国海水淡化产业将向规模化、集成化方向发展，逐步成为重要的战略性新兴产业，国家将从以下 4 个方面推动海水淡化产业发展：①实施海岛海水淡化利用工程；②促成海水淡化发展产业基金；③加大对海水淡化装置运营的扶持力度，降低运营成本；④建立完善海水淡化标准体系，培育龙头企业，形成产业规模

　　2013 年年底，浙江省将海水淡化用电从工业用电转为农业用电。采用工业电价时，考虑到峰谷电及变压器租赁费等因素平均电价在 1 元/kWh 左右，转为农业生产用电后电价可以降低到 0.728 元/kWh，此次电价降幅在 0.22 元/kWh 左右，对于海水淡化企业来说，这是一个不小的幅度，按吨水电耗 4kWh 估算，吨水成本可下降约 1 元（图 2-1）。

　　各地将陆续出台电价优惠政策，着力保障海水淡化运营。目前，海水淡化规模低于国家此前规划，2015 年底实际完成 102.7 万 t/d 的处理规模，不到国家"十二五"规划水平的一半（图 2-2）。各地陆续出台电价优惠政策，着力保障海水淡化运营。河北省发改委下发的《河北省加快发展海水淡化产业三年行动方案（2013—2015 年）》中明确指出："积极争取曹妃甸区、渤海

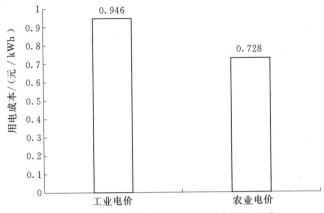

图 2-1 浙江省海水淡化用电成本大幅下降

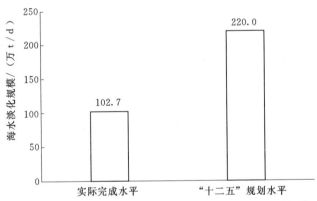

图 2-2 2015 年实际完成和"十二五"规划海水淡化规模

新区列为国家大用户直购电试点,对海水淡化用电执行优惠电价,降低海水淡化用电成本。"

2015 年 11 月,6 个电改配套文件出台,各地试点放开。电改加速降低能源成本。

(1) 配套文件:这六大配套文件包括《关于推进输配电价改革的实施意见》《关于推进电力市场建设的实施意见》《关于电力交易机构组建和规范运行的实施意见》《关于有序放开发用电计划的实施意见》《关于推进售电侧改革的实施意见》《关于加强和规范燃煤自备电厂监督管理的指导意见》。这六个配套文件的发布,标志着新一轮电改开始进入全面实施阶段。

(2) 各地试点:国家发改委表示,发布 6 个配套文件,将推动未来电改试点以三类形式分别推进。

第一类是电改综合试点。2015 年 11 月初国家发改委批复云南和贵州成为第一批电改综合试点省份,6 个配套文件落地后,云南、贵州两省将以此为据制定本省综合改革试点的具体方案，全方位进行改革试点。

第二类是售电侧改革试点。2015 年 12 月初，国家发改委批复重庆、广东作为售电侧改革试点，允许社会资本投资增量配电网，成立拥有配电网运营权的售电公司，以及允许社会资本成立独立的售电公司，开展售电业务等。

第三类是从 2014 年底就已经开始的输配电价改革试点，目前已经有深圳、蒙西、安徽、湖北、宁夏、云南、贵州等 7 个地区参与其中。根据文件可知，凡开展电力体制改革综合试点的地区，直接列入输配电价改革试点范围。鼓励具备条件的其他地区开展试点，尽快覆盖到全国。从广东省 3—5 月的交易数据来看，平均电价降幅在 0.12~0.15 元/kWh 之间。

水价处于上升通道，海水淡化处于爆发临界点。以国内海水淡化规模最大的天津地区为例，2007—2016 年，工业水价（不含污水处理费）从 5.60 元/t 上升到 6.65 元/t，涨幅达 19%（图 2-3）。由于近年来我国供水成本、污水处理需求、污泥处置成本都在增加，再加上我国资源型产品价格改革和国有供排水企业改革的要求，使得国内水价上涨。随着水资源紧缺程度加剧，水务产品或服务价格还有上涨的趋势。政策的大力支持，用电成本下降叠加水价处于上升通道，海水淡化行业迎来爆发临界点。

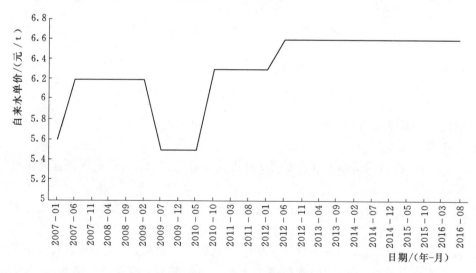

图 2-3　天津工业水价走势

2.2.2　海水淡化相关标准

海水淡化标准既有国家标准，又有行业标准，行业标准又涉及海洋、船舶、电力、冶金等多个行业，2016年及之前的标准具体见表2-2。

表 2-2 **海水淡化行业相关标准**

标准号	实施日期 /(年-月-日)	状态	标准名称
GB/T 32359—2015	2016-05-01	现行	海水淡化反渗透膜装置测试评价方法
GB/T 31328—2014	2015-06-01	现行	海水淡化反渗透系统运行管理规范
GB/T 31327—2014	2015-06-01	现行	海水淡化预处理膜系统设计规范
GB/T 50619—2010	2011-06-01	现行	火力发电厂海水淡化工程设计规范（附条文说明）
GB/T 23609—2009	2010-02-01	现行	海水淡化装置用铜合金无缝管
GB/T 32569—2016	2017-01-01	未实施	海水淡化装置用不锈钢焊接钢管
HY/T 203.2—2016	2016-08-01	现行	海水利用术语 第2部分：海水淡化技术
HY/T 198—2015	2016-06-01	现行	海水淡化膜用阻垢剂阻垢性能的测定 人工浓海水碳酸钙沉积法
CB/T 4269—2013	2014-07-01	现行	闪发式海水淡化装置
DL/T 1280—2013	2014-04-01	现行	低温多效蒸馏海水淡化装置调试技术规定
DL/T 1280—2013	2014-04-01	现行	低温多效蒸馏海水淡化装置调试技术规定
YB/T 4256.1—2012	2012-11-01	现行	钢铁行业海水淡化技术规范 第1部分：低温多效蒸馏法
CB 1397—2008	2008-10-01	现行	板式海水淡化装置规范
HY/T 106—2008	2008-04-01	现行	多效蒸馏海水淡化装置通用技术要求
HY/T 115—2008	2008-04-01	现行	蒸馏法海水淡化工程设计规范
HY/T 116—2008	2008-04-01	现行	蒸馏法海水淡化蒸汽喷射装置通用技术要求
CB/T 3803—2005	2006-05-01	现行	喷淋式海水淡化装置
HY/T 074—2003	2004-04-01	现行	膜法水处理反渗透海水淡化工程设计规范
CB/T 841—1999	1999-08-01	现行	管式海水淡化装置
CB/T 3753—1995	1996-08-01	现行	反渗透海水淡化装置

第3章

我国海水利用现状

3.1 海水利用方式

3.1.1 海水直接作为工业用水

工业冷却水是海水进行工业利用的主要途径，其主要优点如下：

（1）水源稳定。海水自净能力强，水质比较稳定，采用量不受限制。

（2）水温适宜。工业生产利用海水冷却，带走生产过程中多余的热量。海水，尤其是深层海水的温度较低，且水温较稳定，如大连海域全年海水温度在0～25℃之间。

（3）动力消耗低。一般多采取近海取水，不需远距离输送。

（4）设备投资少，占地面积小。与淡水循环冷却相比，可省去回水设备、凉水塔等装备。

3.1.2 海水作为树脂再生还原剂和溶剂

1. 用海水作为离子交换树脂再生还原剂

工业低压锅炉的给水处理中，多采用阳离子交换法，也就是钠离子交换法，当原水经过钠型离子交换树脂层时，水中的钙、镁离子和树脂中的钠离子进行交换，从而达到水质软化的目的。在钠离子交换过程中，当软水的硬度超过规定标准时，即表明交换树脂已失去交换能力，需用食盐溶液对交换树脂进行再生还原，使其恢复交换能力。工厂企业的低压锅炉软水处理工艺中，传统的方法是采用自来水配制5%～8%浓度的食盐溶液，对树脂进行再生还原。为了节水，沿海城市采用海水作为还原剂取得了成熟的经验。

2. 海水化盐

海水可作为制碱工业中的工业原料。制碱工业的主要原料之一是原盐（氯化钠）。在制碱工艺中需将固体食盐溶解，可用海水将其溶解成为饱和盐水。

3.1.3 其他利用方式

1. 水幕除尘及海水冲灰

青岛、大连地区的很多单位，在工业生产中用海水代替淡水除尘。除尘器是由钢板制成的圆筒，内衬有耐腐蚀材料，在圆筒上部沿圆周均匀地布置一定数量的喷嘴，海水通过喷嘴均匀地自上向下流动，形成水膜分布在圆筒壁上。烟气经过烟道，从圆筒的下方沿切线方向进入除尘器，并旋转向上运动排入大气中，由于离心力作用，粉尘贴附在圆筒壁的周围，黏附在水膜上，被水膜带入底部的灰斗，再经冲灰装置排入灰沟槽送到沉淀池内。经沉淀后，海水流回大海，排放海水后含灰量为 30～50mg/L，符合海洋环保排放标准。

2. 用海水代替淡水传递动力

用海水代替淡水循环使用，化工系统利用海水代替自来水抽真空；机械系统将海水用于柴油机试验台水力测功器，这些节约淡水的措施都取得了良好的效果。

3.2　海水利用行业发展分析

3.2.1　海水综合利用状况

党中央、国务院高度重视海水利用工作，海水利用先后被列入《中共中央关于制定国民经济和社会发展第十三个五年规划的建议》《中共中央、国务院关于加快推进生态文明建设的意见》和《国务院水污染防治行动计划》中。国家海洋局启动了全国海水利用"十三五"规划前期预研和海水淡化水纳入水资源配置试点研究工作。

沿海各地及相关部门积极推进海水利用工作，新增海水淡化工程产水规模 6.66 万 t/d。全国已建成海水淡化工程总体规模不断增长，截至 2016 年年底，全国已建成海水淡化工程 131 个，工程规模 1188065t/d，其中 2016 年新增海水淡化工程 10 个，新增海水淡化工程规模 179240t/d，最大海水淡化工程规模为 20 万 t/d。主要采用反渗透和低温多效蒸馏海水淡化技术，产水成本 5～8 元/t。海水直流冷却、海水循环冷却应用规模不断增长，年利用海水作为冷却水量达 1125.66 亿 t，新增用量 116.66 亿 t。

海水利用产业进一步得到推进，2015 年实现增加值 14 亿元，同比增长 7.8%。沿海各地不断推进产学研用结合，正在建设海水利用创新及产业化基地，中小型海水淡化关键装备、浓海水综合利用产业化技术等取得突破；成立了"全国海洋标准化技术委员会海水淡化及综合利用分技术委员会"，新发布标准 13 项，包括国家标准 3 项、行业标准 10 项；完成了 2015 年海水及苦咸水利用膜产品质量国家监督抽查任务，进一步规范了行业发展。

3.2.2 海水利用面临的局势

3.2.2.1 海水淡化

1. 总体情况

我国海水淡化主要用于工业，发展相对落后，工程规模 5 年复合增速 13%，与国外相比仍有较大差距。2016 年年底，我国海水淡化工程规模达到 118.8065 万 t/d，5 年复合增长率 12.5%。根据中国水利企业协会脱盐分会统计，截至 2016 年 12 月，全国已建成海水淡化工程 131 个，工程规模 118.8065 万 t/d。其中，2016 年全国新建成海水淡化工程 10 个，新增海水淡化工程产水规模 17.924 万 t/d。2002—2016 年我国海水淡化工程规模如图 3-1 所示。

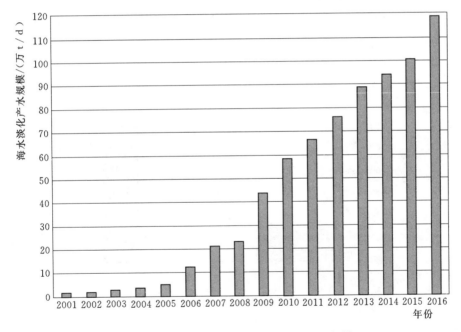

图 3-1　2002—2016 年我国海水淡化工程规模

从工程规模来看，全国已建成万吨级以上海水淡化工程 36 个，产水规模 105.96 万 t/d；千吨级以上、万吨级以下海水淡化工程 38 个，产水规模 11.75 万 t/d；千吨级以下海水淡化工程 57 个，产水规模 1.0965 万 t/d。全国已建成最大海水淡化工程规模 20 万 t/d。2016 年我国已建成海水淡化工程规模分布如图3-2所示、数量分布如图3-3所示。

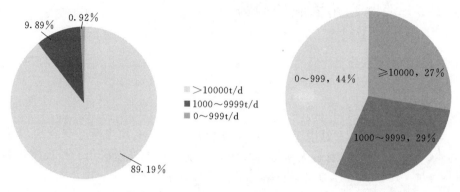

图3-2　2016年我国已建成海水　　　　　图3-3　2016年我国已建成海水
淡化工程规模分布　　　　　　　　　　淡化工程数量分布

　　我国是水资源缺乏的国家，2013年人均水资源量2072m³/人，仅为世界平均水平的34%；同时我国又是用水大国，2013年用水总量5540亿m³，达到世界用水总量的14%（图3-4）。作为人均水资源匮乏的用水大国，我国海水淡化发展规模与国外相比有较大差距，截至2016年年底，我国海水淡化工程规模达到118.8065万t/d，仅为世界海水淡化工程规模8524万t/d的1.2%（图3-5）。

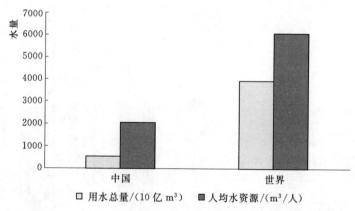

图3-4　2013年中国、世界用水总量和人均水资源对比

2. 主要用途

　　国内海水淡化水2/3用于工业，集中在水价较高的沿海省份。海水淡化水用途：工业用水占比63.60%，居民生活用水占比35.67%。全球投产的脱盐项目主要服务于居民用水（60%），工业用水只占到28%的比例。

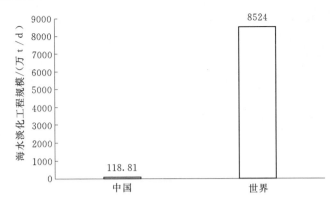

图 3-5　2016 年中国、世界海水淡化工程规模

相较而言，我国的海水淡化项目用于工业用水的工程规模为 65.28 万 t/d，占总工程规模的 63.60%。其中：电力企业为 35.82%，石化企业为 12.37%，钢铁企业为 9.75%，造纸企业为 2.92%，化工企业为 2.64%，建筑和矿业共占 0.10%。用于居民生活用水的工程规模为 36.62 万 t/d，占总工程规模的 35.67%。用于绿化等其他用水的工程规模为 240t/d，占 0.03%。

海水淡化工程主要集中在水价较高的沿海省份。我国已建成的海水淡化工程主要集中在水资源短缺的沿海 9 省（直辖市）：天津（31.7245 万 t/d）、山东（28.2005 万 t/d）、河北（17.35 万 t/d）、辽宁（8.7664 万 t/d）、浙江（22.7795 万 t/d）、广东（8.116 万 t/d）、福建（1.1031 万 t/d）、江苏（0.51 万 t/d）、海南（0.2565 万 t/d），如图 3-6 所示。其中，北方以大规模的工业用海水淡化工程为主，主要集中在天津、河北、山东等地的电力、钢铁等高耗水行业；南方以民用海岛海水淡化工程居多，主要分布在浙江、福建、海

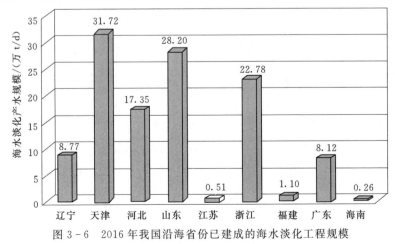

图 3-6　2016 年我国沿海省份已建成的海水淡化工程规模

南等地，以百吨级和千吨级工程为主。

3. 主流技术

我国主要沿海城市工业水价如图 3－7 所示。反渗透、蒸馏法是主流技术，目前国内吨水成本较高。反渗透、低温多效和多级闪蒸（MSF）海水淡化技术是国际上已商业化应用的主流海水淡化技术。

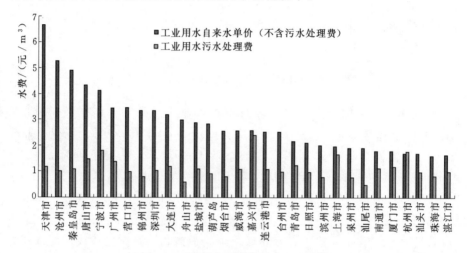

图 3－7　我国主要沿海城市工业水价

截至 2016 年年底，全球海水淡化产能中，采用反渗透技术的工程约占 65％，多级闪蒸技术约占 21％，低温多效蒸馏技术约占 7％（图 3－9）。而全国应用反渗透技术的工程 112 个，工程规模 81.2615 万 t/d，占全国总工程规模的 68.4％；应用低温多效蒸馏技术的工程 16 个，工程规模 36.915 万 t/d，占全国总工程规模的 31.07％；有 1 个工程应用多级闪蒸技术，工程规模 6000t/d，占全国总产水规模的 0.50％；应用电渗析（ED）技术工程 2 个，工程规模 300t/d，占全国总工程规模的 0.03％。2016 年我国海水淡化工程技术应用情况如图 3－8 所示。

从海水淡化水用途来看，海水淡化水的终端用户主要分为两类：一类是工业用水，另一类是生活用水。截至 2016 年年底，海水淡化水用于工业用水的工程规模为 791385t/d，占总工程规模的 66.61％。其中：火电企业为 31.60％，核电企业为 4.61％，化工企业为 5.05％，石化企业为 12.30％，钢铁企业为 13.05％。用于居民生活用水的工程规模为 392705t/d，占总工程规模的 33.05％。用于绿化等其他用水的工程规模为 3975t/d，占 0.34％。这是因为我国已掌握反渗透和低温多效海水淡化技术，相关技术达到或接近国际先进水平。全国已建成海水淡化工程产水用途分布如图 3－10 所示。

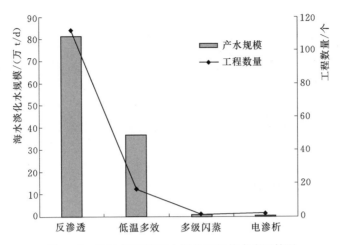

图 3-8 2016 年我国海水淡化工程技术应用情况

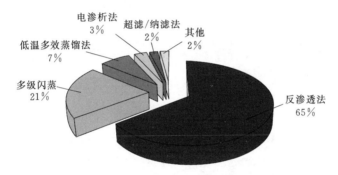

图 3-9 2016 年全球海水淡化产能中不同技术类型分布

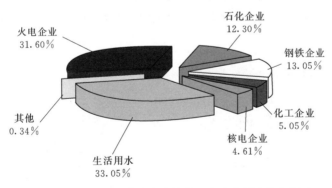

图 3-10 全国已建成海水淡化工程产水用途分布图

4. 成本结构

从成本结构来看，能源成本占到吨水成本的四成到五成。能源成本是吨水成本的重要组成部分，占到反渗透法吨水成本的 45% 左右、占到低温多效蒸馏法的近 50%（其中：3/4 是热力费用，1/4 是电费）。反渗透法的吨水电耗在 4kWh 左右；蒸馏法吨水电耗相对较小，在 1.5kWh 左右。

国内海水淡化平均成本达到 5～8 元/t，明显高于海外先进项目（3～4 元/t）。海水淡化产水成本主要由投资成本、运行维护成本和能源消耗成本构成。其中，运行维护成本包括：维修成本、药剂成本、膜更换成本、管理成本和人力成本等。受能源、人力等价格波动影响，产水成本集中在 5～8 元/t。反渗透法及低温多效蒸馏法吨水成本结构对比如图 3-11 所示。

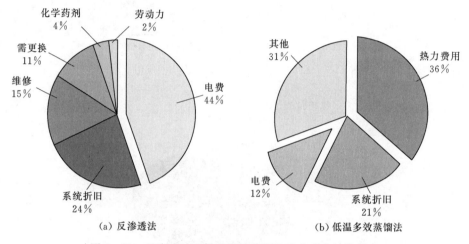

（a）反渗透法　　　　　　　　（b）低温多效蒸馏法

图 3-11　反渗透法及低温多效蒸馏法吨水成本结构对比

其中，国内万吨级以上海水淡化工程平均产水成本 6～8 元/t，千吨级海水淡化工程产水成本 8 元/t 以上。以色列海水淡化吨水成本达到 0.5～0.6 美元，折合人民币 3.3～4.0 元。

5. 工程取排水

我国海水淡化工程取排水口主要集中分布在辽东半岛东部海域、渤海湾海域、山东半岛海域、舟山群岛海域、浙中南海域及南海部分海域，多位于工业与城镇用海区、港口航运区，少数位于特殊利用区等。工程用海水大部分是作为取排水口，部分用于厂区建设的填海造地和蓄水池、沉淀池等。取水方式方面，海水淡化工程以管道取水和借用已有取水设施取水为主，少数工程采用海滩井取水、潮汐取水、引水渠取水等方式，其中万吨级以上海水淡化工程以管道取水方式居多。排水方式方面，海水淡化浓海水排放的主要方式为直接排海、降温后排海、与海水或电厂温排水混合后排海，部分排入盐场综合利用。

为进一步发挥海水淡化保障水资源安全供给作用，提高工程实际产水率，2015 年，天津、大连和厦门开展了海水淡化水纳入水资源配置试点研究工作，提出了三个城市海水淡化配置初步方案。天津、青岛等为城市市政供水的海水淡化工程，积极与海水淡化水接收用户对接，通过开发多目标用户、加快建设海水淡化输水管道等，提高海水淡化水的输送与应用，实际产水量有所提高。2015 年，青岛市水务集团积极提高现有海水淡化产能利用率，在夏季用水高峰期间向自来水原水中输送淡化水，淡化海水每日使用 3 万 t 左右，缓解了夏季用水高峰期的原水供应紧张局势。江苏省非并网风电海水淡化项目推动产品水灌装和销售，与多家企业签约，扩大了产品水的销售及供货范围。

3.2.2.2 海水直接利用

海水直接利用主要包括海水直流冷却、海水循环冷却和大生活用海水等，并以海水直流冷却为主。

2015 年，海水冷却技术在我国沿海火电、核电、石化等行业得到广泛应用，年利用海水量稳步增长。截至 2015 年年底，年利用海水作为冷却水量为 1125.66 亿 t。其中，2015 年新增用量 116.66 亿 t。

截至 2015 年年底，辽宁、天津、河北、山东、江苏、上海、浙江、福建、广东、广西、海南 11 个沿海省（自治区、直辖市）均有海水冷却工程分布。海水循环冷却工程主要分布在天津、河北、山东、浙江和广东等地。2015 年，年海水冷却利用量超过百亿吨的省份有浙江、广东、福建、辽宁，利用量分别为 336.00 亿 t、332.18 亿 t、142.34 亿 t 和 113.81 亿 t。

我国海水冷却工程多依托沿海电厂、石化厂建设，取排水口在我国沿海地区均有分布，多位于工业与城镇用海区、港口航运区，少数位于特殊利用区等。工程用海方式大部分为取排水口，部分为用于厂区建设的填海造地和蓄水池、沉淀池等。取水方式方面，海水冷却工程以管道取水为主，少数工程采用引水渠取水、借用已有取水设施取水和海滩井取水。排水方式方面，主要为直接排海和降温后排海。

3.2.2.3 海水化学资源利用

海水化学资源利用主要包括海水制盐、海水提钾、海水提溴、海水提镁等。2015 年，除海水制盐外，产品主要包括溴素、氯化钾、氯化镁、硫酸镁。其主要生产企业分布于天津、河北、山东、福建等地，包括天津长芦海晶集团有限公司、天津长芦汉沽盐场有限责任公司、河北南堡盐场、唐山三友盐化有限公司（大清河盐场）、沧州盐业集团有限公司、沧州临港燕捷盐化有限公司、福建山腰盐场、福建省莆田盐场等。

3.3　海水利用技术发展

3.3.1　海水淡化

2015 年，我国积极推动海水淡化技术和装备研发以及成果转化工作。国家科技支撑计划项目"3.5 万吨/日三倍浓缩多效蒸馏海水淡化技术研究与工程示范""2 万吨/日反渗透海水淡化成套装备研发及工程示范""5 万吨/日水电联产与热膜耦合研发及示范""浓海水梯级利用产业化技术集成及工程应用"项目正式启动，"大型膜法海水淡化系统集成与市政供水工程示范"进入工程示范阶段。海洋公益性行业科研专项"海水淡化水处理药剂国产化技术研究与工程示范""海洋风电、海水淡化及脱硫生态监测与评估技术集成及应用"和"新型 PTFE 中空纤维膜及高效节能高压泵能量回收一体机研发与示范"项目正式启动；"海岛多元集成供水技术研究及应用示范"项目完成工程选址。

我国自主设计建造的神华国华舟山电厂 12000t/d 低温多效和宝钢广东湛江钢铁基地 15000t/d 低温多效海水淡化工程建成投产。福建古雷港经济开发区 10 万 t/d 海水淡化工程完成项目初步设计。

沿海各地进一步加快产学研用结合步伐，推进海水利用科技创新和成果转化。天津、江苏等沿海地方积极开展海洋经济创新发展区域示范工作，新能源淡化海水示范工程产能利用逐步提升，板式蒸馏装备、高亲水性超滤膜等海水利用关键设备成果转化和产业化进展顺利。天津、浙江正在大力推进"海水淡化与综合利用创新及产业化基地""海水淡化装备制造基地"建设。厦门南方海洋研究中心依托福建省中海清源科技有限公司成立"国家海水利用工程技术研究中心厦门分中心"；天津膜天膜科技股份有限公司"膜材料与膜应用国家重点实验室"获得第三批企业国家重点实验室批复。2015 年，"海水净化与污海水处理技术"获得 2015 年度海洋科学技术奖二等奖，"一种节能型反渗透处理方法（ZL200510050116.7）""一种电渗析浓缩制盐装置（ZL201110228180.5）"两项国家发明专利分获 2015 年度中国专利优秀奖和 2015 年度中国化工专利优秀奖。

3.3.2　海水直接利用

国内海水直流冷却技术已基本成熟，主要应用于沿海火电、核电及石化、钢铁等行业。2015年，沿海核电等非化石能源发电比重快速上升，海水利用量增长迅速，2015年沿海核电企业新增年海水利用量为110.78亿t，占2015年新增总量的94.96%。

海水循环冷却技术是在海水直流冷却技术和淡水循环冷却技术基础上发展起来的环保型新技术。截至2015年年底，我国已建成海水循环冷却工程15个，总循环量为943800t/h，新增海水循环冷却循环量320000t/h。2015年，相继建成浙江浙能台州第二发电有限责任公司2×100000t/h海水循环冷却工程、华润电力（渤海新区）有限公司38000t/h海水循环冷却工程、山东滨州魏桥电厂海水循环冷却工程2×41000t/h海水循环冷却工程。

大生活用海水是指用于公共及住宅卫生间便器冲洗等用途的海水。2015年，没有新建大生活用海水工程，完成涉及居民生活的多用途海水利用关键技术及装备研究，在多功能复合絮凝剂、新型海水高速过滤技术、景观/娱乐海水处理等技术研究方面取得进展。

3.3.3 海水化学资源利用

在浓海水综合利用及产品高值化产业化技术研究方面取得较大进展，完成了浓海水制盐滩田设施自动化、浓海水提溴自动化控制产业化技术改造，助推了企业的转型升级，药用无机盐系列实现规模化生产并投入市场。

3.4 海水利用发展空间

储量巨大的海水，经过淡化后能够帮助人类解决水危机，这一点已经广为人知。然而，海水的利用价值并不止于此，"海水中有80种天然元素，含量较高的有氧、氢、钠、镁、硫、钙和钾等元素，还有17种元素是陆地所稀缺的，其数量比陆地储藏量要大得多。"丰富的化学资源亦是大海馈赠给人类的"液体矿藏"，对人类能源和工农业现代化建设具有重大战略意义。

据估算，每立方千米的海水中含有约3500万t的固体物质，总价值约1亿美元。早在多年前，以色列从死海中提取多种化学元素并进行深加工，生产钾肥、溴系列产品、磷化工等产品，已实现年产值10多亿美元。而我国近海氯化镁、硫酸镁的储量分别达到4494亿t和3570亿t。

深层海水的魅力还要更大。由于处于海洋无光层，深层海水温度恒定于5℃左右，所含矿物质更丰富，磷的浓度是表层海水的18～40倍，氮的浓度是表层海水的8.7倍以上，硅的浓度是表层海水的4～10倍。而且，由于远离来自陆地以及大气的化学物质污染和影响，其细菌含量也只有表层海水的 1/10 甚至 1%。目前，很多国家已开发利用深层海水，将其广泛用于温差发电、饮料、食品、水产加工制品、化妆品、保健品、水产养殖等。

3.5　海水利用的问题及对策

3.5.1　海水淡化装备制造和规模存在的问题

我国从事海水淡化设备制造和工程成套的企业规模普遍较小，制造业基础薄弱，技术成果转化能力较弱，这严重制约了海水淡化技术产业化进程。

我国还未形成海水淡化装备制造业基地和具有国际竞争能力的专业化龙头企业或企业集群，因此在市场竞争上也不具备与国外公司抗衡的能力。

3.5.2　制度和政策方面存在的问题

长期以来，我国对海水淡化的投入主要集中在科研领域，产业领域的投入还不足，宏观指导和具体配套扶持政策还需加强。

3.5.3　海水利用环境影响问题

（1）取水的影响。海水淡化工程取水会吸入部分海洋生物，不可避免会对生物数量造成影响。

（2）浓水排放影响。海水淡化后排入海洋的污染物包括 10 种成分，包括金属腐蚀物、阻垢剂、杀生剂等，需开发环境友好型药剂减少环境影响。

3.5.4　海水利用产业化发展财政投入保障问题

我国尚未建立多元化、多渠道、多层次的海水开发利用投入保障体系，应设立海水利用专项资金，重点集中支持一批既有利于培养市场，也有利于落实惠民政策的海水淡化和综合利用自主创新技术规模化应用示范工程，实现我国海水利用产业集聚式、规模化发展。

第 4 章

世界海水淡化产业分析

4.1 世界海水淡化产业概况

4.1.1 世界海水淡化发展回顾

海水淡化是人类追求了几百年的梦想，古代就有从海水中去除盐分的故事和传奇。海水淡化技术的大规模应用始于干旱的中东地区，但并不局限于该地区。由于世界上70%以上的人口都居住在离海洋120km以内的区域，因而海水淡化技术近20多年迅速在中东以外的许多国家和地区得到应用。

早在400多年前，英国王室就曾悬赏征求经济合算的海水淡化方法，但直到16世纪，人们才开始努力从海水中提取淡水。当时欧洲探险家在漫长的航海旅行中，就用船上的火炉煮沸海水以制造淡水。加热海水产生水蒸气，冷却凝结就可得到纯水，这是日常生活的经验，也是海水淡化技术的开始。

现代意义上的海水淡化则是在第二次世界大战以后才发展起来的。战后由于国际资本大力开发中东地区的石油，使这一地区经济迅速发展，人口快速增加，这个原本干旱的地区对淡水资源的需求与日俱增。而中东地区独特的地理位置和气候条件，加之其丰富的能源资源，又使得海水淡化成为该地区解决淡水资源短缺问题的现实选择，并对海水淡化装置提出了大型化的要求。

从20世纪50年代以后，海水淡化技术随着水资源危机的加剧得到了快速发展，在已经开发的20多种淡化技术中，蒸馏法、电渗析法、反渗透法都达到了工业规模化生产的水平，并在世界各地广泛应用。

4.1.2 世界海水淡化产业发展状况

截至2015年年底，全球海水淡化合同规模已经达到9200万t/d，可运行规模已经达到8700万t/d。在全球范围内，淡化规模呈波动式发展，与世界总体经济形势有关，2014年和2015年年度增量处于中等水平。从所用技术分布来看，2006—2015年，膜法脱盐技术占年度增量的主要部分，热法淡化技术中低温多效技术更受欢迎。从淡化水用户分布而言，全球淡化市场每年增加的工程中，市政用户占比总体高于工业用户。

4.1.3　世界海水淡化产业主要发展措施

许多国家政府为了解决日益紧缺的淡水资源问题和促进海水淡化产业的发展，在加大资金投入的同时，积极研究制定鼓励发展海水淡化的政策措施。例如：阿联酋对发电设施和供水设备的进口没有限制，只征收 4％的关税；西班牙和意大利政府对海水淡化水给予补贴，但每立方淡化水补贴额不超过海水淡化的成本；以色列制定 2002—2010 年制水规划，对海水淡化、苦咸水淡化和废水回用等提出了明确目标；欧盟把海水淡化作为区域政策重点，对地中海沿海成员国在海水淡化工程建设方面给予资金支持，如西班牙的海水淡化工程项目，欧盟将提供 80％左右的资金支持。

4.2　沙特海水淡化产业

4.2.1　产业概况

沙特海水淡化工业始于 90 多年前，沙特在海水淡化投资已达 1630 亿里亚尔（约合 435 亿美元，2013 年数据），已发展到全球领先水平，目前产能已达 11.07 亿 m^3/年。其中，东海岸的海水淡化厂产能达 5.501 亿 m^3/年，占比 49.7％，主要供应东部地区、利雅得、卡西姆、苏戴尔和瓦实姆等；西海岸的海水淡化厂产能达 5.575 亿 m^3/年，占比 50.3％，主要供应麦加、麦地那、吉达、塔布克、巴哈、阿西尔和吉赞等地区。

2012 年沙特东西海岸共有 26 座海水淡化厂，共生产淡水 9.55 亿 m^3，同比增长 7.8％，与此同时还伴生有 1406MW 发电量。为保证沙特各省份和城市的淡水供应持续稳定，沙特海水淡化总署 2012 年内共实施了 19 项与淡化水供应系统相关的项目。2012 年年底，输水管道全长达 5390km，直径介于 200～2000mm 之间。目前，沙特平均每日为每位居民供应淡化水达 150L。沙特境内海水淡化输水管道全长 7000km，满足了 60％人口的用水需求，沙特也因此成为世界上最大的海水淡化生产国。

4.2.2　发展历程

原先，沙特的水源仅限于以饮用和农业灌溉等为目的的地下水。1937 年在其东部省打出第一眼自喷井，1957 年在利雅得打出第一眼深井——沙米斯井，其深度超过 1200m。随后，深井打水就成为沙特获取生活用水的主要办法。随着文化和经济的不断发展和巨大进步，以及居民数量的日益增长，用水需求量的大幅增长与沙特淡水资源匮乏形成了矛盾，但也形成了以海水淡化为新的水资源的想法，因为这样不仅可以提供充分的饮用水，同时还保护了地下水资源用于农业水利。

实际上，早在 1928 年，在当时的阿卜杜勒·阿齐兹国王的倡导下，在沙特西部地区就建立了两个海水蒸馏、凝结系统，被称为蒸馏器，用于加强向吉达市输送饮用水，因为吉达是距伊斯兰教两大圣地——麦加和麦地那最近的港口，前来朝觐的世界各地的穆斯林众多，原有的供水量已不堪重负。这便是沙特首次利用科技手段进行海水淡化的尝试。

随着用水需求的增长，对海水淡化的要求也日益增加，1965 年沙特农业水利部设置了特别办公室，致力于研究在其红海和阿拉伯湾沿岸建立海水淡化站和发电站的经济效益和可行性计划。

1969 年在瓦吉哈和迪巴——两个红海沿岸的省初建了海水淡化站，利用现代科技开发淡化水，当时每个海水淡化站日产量仅为 6 万加仑。1970 年又在吉达增开了海水淡化站，日产量为 500 万加仑，发电量为 50MW/h。

1972 年这个办公室发展为沙特农业水利部下属的海水淡化事务局，工作重点是从事海水淡化站的设计、施工以及管理与维护当时在吉达、瓦吉哈、迪巴三地开设的海水淡化站。

1974 年沙特颁布了第 49 号国王令，宣布成立独立的沙特海水淡化公司。它的工作方针是：①以生产淡化水为目的，通过建立海水淡化站为一部分城市提供淡水；②水利电力并举。当时，所有的机器运转、维修、进口设备、聘用员工等实际问题都依靠其他对口的国家专业公司。从 1982 年开始，它已经完全不需要其他的国内外公司的帮助，就可以自力更生地进行生产与维修。

沙特的海水淡化业在世界海水淡化领域中首屈一指，而沙特海水淡化公司正是沙特海水淡化工业发展的一面镜子。公司成立以来的 20 多年间，其淡化水产量和发电量急剧增长，其中淡化水产量增长了 100 多倍，发电量增长了 80 多倍；期间还诞生了多个海水淡化站，例如：朱拜勒海水淡化站是世界上迄今为止规模最大的海水淡化站，规模和产量比较大的还有吉达海水淡化站群、麦加、塔依夫站、麦地那、延布站、沙基格站、胡巴尔站等。

在基本解决沿海城乡的生活和工农业用水以后，在政府的扶持下，沙特海水淡化公司着手设计和规划了由沿海向内陆转移的"管道调水工程"，旨在建立管道网，把淡化水源源不断地运往内地。

"管道调水工程"包括三大铺设输水管道的项目，即朱拜勒—利雅得管道线路、利雅得—萨迪尔—瓦什姆—格西姆管道线路、麦地那—延布管道线路。

另外，还有两个铺设管道工程已经签署了合同，即：胡巴尔海水淡化站—东部地区各市管道线路、沙依巴海水淡化站—吉达管道线路。根据设计，管道总长超过 2000km，管道直径各不相同，最大的超过 2m，同时建立 98 个辅助性水站，总容量超过 300 万 m³。

据《沙特公报》报道，2014 年 4 月 22 日世界最大的海水淡化厂第一期在沙特投产。该厂位于沙特东部朱拜乐西北 75km，总投资 270 亿里亚尔（约合 72 亿美元），每天生产淡化水 102.5 万 m³，发电能力为 2600MW。

4.2.3　新建项目

据沙特《阿拉伯新闻报》报道，沙特海水淡化总公司将在麦加地区和东部省新建日产能 250 万 m³ 的项目。该项目将能满足相关地区所有用水需求，于 2016 年年底启动，2020 年年中完成。

沙特水电大臣胡塞延表示，麦加地区分别在吉达和拉比格建立两座海水淡化工厂，产能分别为 40 万 m³ 和 60 万 m³，可满足麦加、塔伊夫和吉达的用水需求。东部省将在朱拜尔建立日产能为 150 万 m³ 的工厂，以满足东部省和利雅得的用水需求。胡塞延还表示，沙特水电部目前有若干在建供水和排水项目，总金额达 600 亿里亚尔。但由于一些城市规模扩张，相关项目的效果在部分地区尚未显现。

4.2.4　太阳能和纳米新技术研究

海水淡化在沙特是关系到国计民生的基础工业，具有极其重要的战略意义。科技城已与美国 IBM 公司合作建立了科研中心，将联合开发新技术，以用太阳能在蒸馏过程中替代成本相对高昂的油气燃料，该中心还将研究如何把先进的纳米渗透膜技术应用到淡水提取工艺中，使水分子更容易与其他海水成分分离。苏威利说，有关研究计划对于沙特海水淡化乃至整个沙特海水淡化工业要消耗大量原油作为燃料，尽管沙特油气资源丰富，这仍然是一个不可忽视的开销。沙特拥有丰富的太阳能资源，利用太阳能可以大大节省海水淡化成本。此外，纳米技术也将极大提高海水脱盐过程中反渗透膜的效能。

4.2.5　两项桂冠

在希腊召开的全球水资源高峰会议上，沙特海水淡化公司（SWCC）同时摘取两项桂冠：一项是表彰其通过运用先进技术和设备大大提高了海水淡化的质量；另一项是表彰 Ras Al‐Khair 海水淡化站的高效运营。

4.3 以色列海水淡化产业

4.3.1 水资源概况

自建国伊始，水资源匮乏就一直是考验以色列民族智慧的难题之一。南部的内盖夫沙漠地区常年干旱缺水，北部的加利利湖是以色列境内唯一的淡水湖泊，也是其最大、最重要的饮用水源与蓄水库。为解决南部地区用水问题，以色列于 1964 年投入运营了"北水南调"的国家输水工程，用一条长度达 300km 的输水管线将北方较为丰富的水资源输送到干旱缺水的南方。同时，以色列致力于提高水资源利用效率，形成了以滴灌技术为代表的智能水利管理系统，循环水利用率高达 75％，居全球首位。然而，再高的水资源利用效率也改变不了天然淡水供应量不足的事实。尤其是随着以色列的经济发展和人口增加，淡水供需缺口越来越大。20 世纪 90 年代中期的连续干旱，加之对淡水资源的过度抽取，使加利利湖水位经常低于安全红线，直接威胁以色列水安全。

4.3.2 非常规水资源开发状况

以色列水资源委员会认为解决水资源问题的根本出路只能靠海水淡化。为此，以色列政府于 1999 年制定了"大规模海水淡化计划"，以期缓解淡水的供需矛盾。根据该计划，截至 2015 年，海水淡化水占以色列淡水需求量的 22.5％，生活用水的 62.5％；至 2025 年，海水淡化水将占淡水需求量的 28.5％，生活用水的 70％；截至 2050 年，海水淡化水将占全国淡水需求量的 41％，生活用水的 100％。如有多余淡化水，将用于以色列自然水资源的保护。

4.3.3 产业发展情况

以色列在地中海沿岸主要有 5 家大型海水淡化厂，分别如下：

（1）阿诗克隆海水淡化厂：位于以色列南部城市阿诗克隆，2005 年由 VID 海水淡化公司采用"建设‐经营‐移交"形式投资建成，建成时年生产能力为 1 亿 t，2010 年增至 1.2 亿 t，是目前全球运转成本最低的海水淡化厂之一。

(2) 帕玛契海水淡化厂：位于以色列北部帕玛契基布兹，2007 年由 Via Marisa 海水淡化公司采用"建设-拥有-经营"形式投资建成，建成时年生产能力为 0.3 亿 t，2010 年增至 0.45 亿 t。

(3) 海德拉海水淡化厂：位于以色列中北部城市海德拉，2009 年以"建设-经营-移交"形式建成，建成时年生产能力为 1 亿 t，2010 年增至 1.27 亿 t，是目前世界上最大的使用反渗透技术的海水淡化厂。

此外，以色列国家水务公司在以南部经营着 31 家小规模的海水淡化厂，专注于对咸水和废水的淡化研究。2010 年，上述三家海水淡化厂和 31 家小规模的半咸水淡化厂共提供了 3.2 亿 m³ 的淡水，占当年生活用水需求的 42%。

(4) 阿什多德海水淡化厂：位于以色列中南部城市阿什多德，由以色列国家水务公司建设，年生产能力 1 亿 t。

(5) 索瑞克海水淡化厂：位于以色列中北部城市瑞雄莱利昂附近，由 SDL 集团以"建设-经营-移交"的形式投资建设，年生产能力 1.5 亿 t。

4.3.4 产业成功原因分析

海水淡化产业是高耗能产业，而以色列在发展海水淡化产业过程中一直非常注重控制能耗和成本，2010 年以色列淡化水平均耗电 3.5kWh/m³，花费 65 美分，在节能和低成本方面位居世界前列。以色列主要通过以下措施控制能耗及成本。

1. 科学规划

早在 20 世纪 90 年代末，以色列政府就对未来 20 年的海水淡化做出了全面评估和规划。首先，充分估算对海水淡化水的需求量，即生活用水、工业用水、农业用水和其他用水的需求量与天然淡水、咸水和循环水的供应量之间的差额，根据差额确定海水淡化工厂的产能目标；其次科学确定海水淡化工厂的地址，一要邻近地中海，二要邻近人口聚集的大城市和工业中心，三要方便接入国家输水工程的节点，当时评估确定的 6 个地点得分由高到低分别是阿什多德、阿什克隆、海德拉、沙福丹、内塔尼亚和沙姆拉特。实际操作中，前 3 个地点目前已建成和在建海水淡化厂。

2. 投融资机制创新

以色列在保证政府对淡化水控制权的前提下引入竞争机制，将海水淡化项目面向国际招标，吸引私人资本参与海水淡化设施建设，不仅有效减轻了财政负担，也加快了建设进程。同时企业追逐利润的特性有利于有效降低海水淡化工程的建设和运行成本。以色列政府与建设企业风险共担，例如企业在按计划生产淡化水出现供大于求时，政府将保证购买多余的水量。

3. 技术先进

海水淡化成本高、投入大，因此在实行"大规模海水淡化计划"之前，以色列只在濒临红海严重缺水的南部城市埃拉特设有海水淡化工厂。但多年来，以色列政府始终支持着海水淡化的研究工作，有关经费占国内生产总值的比重位居世界第一，海水淡化技术也由最初的多级闪蒸逐步发展到世界领先的低温多效和反渗透膜技术，以其设备简单、易于维护和设备模块化的优点迅速占领市场。目前以色列建成和在建的海水淡化厂均采用了该技术。

4. 电水联产

考虑到用电成本占海水淡化成本的 1/3，以色列政府在招标时鼓励海水淡化厂建立专门的发电厂，实现电水联产，并协定多余电量可卖给国家电力公司。同时，政府在招标时对天然气发电厂加分，因为天然气的二氧化碳排量仅为煤发电的 1/5，发电价格也比以色列国家电力公司的煤电价格低近 8%。以色列通过降低用电成本，有效降低了海水淡化成本。

5. 管网先行

以色列投入超过 5 亿美元，将海水淡化厂与国家供水系统连接起来，并根据接入的海水淡化水量多少调节从加利利湖及地下水源的抽水量，借此减少工厂蓄水压力，保证海水淡化工厂全额产能连续生产，从而有效降低产水成本。

4.3.5 一半以上供水来自海水淡化

世界上最干燥的地方如今水资源却有富余。出现这一结果的原因除了节省和循环利用现有水资源外，最大的原因是海水淡化。以色列今天 55% 的用水来自海水淡化，成为中东地区唯一一个不再受到严重水资源压力影响的国家，它的 Sorek 工厂是世界上最大的逆向渗透海水淡化工厂。

水资源短缺将是未来中东地区冲突的一个潜在因素，而以色列的方法将能帮助它的干旱邻居，从而架起一座桥梁。今天的海水淡化成本只相当于 20 世纪末的 1/3，Sorek 工厂生产 1000L 饮用水的成本只有 58 美分，以色列家庭平均一个月在水费上花掉约 30 美元，与美国大部分家庭相近，但比拉斯维加斯和洛杉矶家庭要少得多。

4.3.6　海水淡化企业对华合作情况

以色列 IDE 公司为以色列化工集团子公司，是国际著名的海水淡化企业，也是全世界唯一一家拥有低温多效与反渗透两项技术的国际公司，凭借其设备投资省、能量消耗低、建造周期短等诸多的优势，发展迅速，目前占据了全球 90% 的海水淡化市场份额，在世界范围内承建了 370 多家海水淡化厂。

2005 年，IDE 与北大青鸟新能源公司签署了战略合作协议，确立了以色列海水淡化核心品牌与中国企业的全面合作关系。根据当年协议，双方将合力在我国建立海水淡化设备制造基地，使用 IDE 提供的海水淡化和水处理技术，共同推广、跟踪、执行在我国内地的各个项目。

2009 年，IDE 公司与我国天津国投津能发电有限公司合作，为国投北疆发电厂海水淡化项目一期建造日产 10 万 t 的低温多效海水淡化装置项目。2011 年项目竣工投产，是我国已建成最大的海水淡化项目，也是我国第一个向社会供水的大型海水淡化项目。

第 5 章

我国海水淡化产业发展的外部条件

5.1　水资源分析

5.1.1　淡水环境分析

1. 降水量

2014 年，全国平均降水量 622.3mm，与常年值基本持平。从水资源分区看，松花江区、辽河区、海河区、黄河区、淮河区、西北诸河区 6 个水资源一级区（以下简称北方 6 区）平均降水量为 316.9mm，比常年值偏少 3.4%；长江区（含太湖流域）、东南诸河区、珠江区、西南诸河区 4 个水资源一级区（以下简称南方 4 区）平均降水量为 1205.3mm，与常年值基本持平。从行政分区看，东部 11 个省级行政区（以下简称东部地区）平均降水量 1045.8mm，比常年值偏少 5.4%；中部 8 个省级行政区（以下简称中部地区）平均降水量 925.4mm，比常年值偏多 1.1%；西部 12 个省级行政区（以下简称西部地区）平均降水量 501.0mm，与常年值基本持平。

2. 地表水资源量

2014 年全国地表水资源量 26263.9 亿 m^3，折合年径流深 277.4mm，比常年值偏少 1.7%。从水资源分区看，北方 6 区地表水资源量为 3810.8 亿 m^3，折合年径流深 62.9mm，比常年值偏少 13.0%；南方 4 区为 22453.1 亿 m^3，折合年径流深 657.9mm，比常年值偏多 0.6%。从行政分区看，东部地区地表水资源量 5022.9 亿 m^3，折合年径流深 471.3mm，比常年值偏少 3.1%；中部地区地表水资源量 6311.6 亿 m^3，折合年径流深 378.3mm，与常年值基本持平；西部地区地表水资源量 14929.4 亿 m^3，折合年径流深 221.7mm，比常年值偏少 1.9%。

2014 年，从国境外流入我国境内的水量 187.0 亿 m^3，从我国流出国境的水量 5386.9 亿 m^3，流入界河的水量 1217.8 亿 m^3；全国入海水量 16329.7 亿 m^3。

3. 地下水资源量

全国矿化度不大于 2g/L 地区的地下水资源量 7745.0 亿 m^3，比常年值偏少 4.0%。其中，平原区地下水资源量 1616.5 亿 m^3；山丘区浅地下水资源量

6407.8 亿 m^3；平原区与山丘区之间的地下水资源重复计算量 279.3 亿 m^3。我国北方 6 区平原浅层地下水计算面积占全国平原区面积的 91%，2014 年地下水总补给量 1370.3 亿 m^3，是北方地区的重要供水水源。在北方 6 区平原地下水总补给量中，降水入渗补给量、地表水体入渗补给量、山前侧渗补给量和井灌回归补给量分别占 50.4%、35.8%、8.1% 和 5.7%。

5.1.2　海水环境分析

我国的"海洋国土"近 300 万 km^2，就绝对数量而言，在世界沿海国家中名列第 9 位。海岸线总长 32000 多 km（大陆岸线长 18000km，岛屿岸线长 14000 多 km），也位于世界前 10 名之列，同时还分布着面积大于 $500m^2$ 以上的岛屿 5000 多个，属于海洋大国。

5.1.3　水资源总体情况分析

2014 年全国水资源总量为 27266.9 亿 m^3，比常年值偏少 1.6%。地下水与地表水资源不重复量为 1003.0 亿 m^3，占地下水资源量的 12.9%（地下水资源量的 87.1% 与地表水资源量重复）。从水资源分区看，北方 6 区水资源总量 4658.5 亿 m^3，比常年值偏少 11.6%，占全国的 17.1%；南方 4 区水资源总量为 22608.4 亿 m^3，比常年值偏多 0.7%，占全国的 82.9%。从行政分区看，东部地区水资源总量 5332.3 亿 m^3，比常年值偏少 3.5%，占全国的 19.6%；中部地区水资源总量 6768.8 亿 m^3，比常年值偏多 0.5%，占全国的 24.8%；西部地区水资源总量 15165.8 亿 m^3，比常年值偏少 1.8%，占全国的 55.6%。全国水资源总量占降水总量的 45.2%，平均单位面积产水量为 28.8 万 m^3/km^2。

5.1.4　供水和用水总量分析

1. 供水量

2014 年全国总供水量 6095 亿 m^3，占当年水资源总量的 22.4%。其中，地表水源供水量 4921 亿 m^3，占总供水量的 80.8%；地下水源供水量 1117 亿 m^3，占总供水量的 18.3%；其他水源供水量 57 亿 m^3，占总供水量的 0.9%。在地表水源供水量中，蓄水工程供水量占 32.7%，引水工程供水量占 32.1%，提水工程供水量占 31.3%，水资源一级区间调水量占 3.9%。在地下水供水量中，浅层地下水占 85.8%，深层承压水占 13.9%，微咸水占 0.3%。在其他水源供水量中，主要为污水处理回用量和集雨工程利用量，分别占 80.9% 和 15.3%。

南方 4 区供水量 3314.7 亿 m³，占全国总供水量的 54.4%；北方 6 区供水量 2780.2 亿 m³，占全国总供水量的 45.6%。南方省份地表水供水量占其总供水量比重均在 86% 以上，而北方省份地下水供水量则占有相当大的比例，其中河北、河南、北京、山西和内蒙古 5 个省（自治区、直辖市）地下水供水量占总供水量约一半以上。

全国海水直接利用量 714 亿 m³，主要作为火（核）电的冷却用水。海水直接利用量较多的为广东、浙江、福建、江苏和山东，分别为 286.7 亿 m³、155.3 亿 m³、58.4 亿 m³、56.3 亿 m³ 和 55.7 亿 m³，其余沿海省份大都也有一定数量的海水直接利用量。

2. 用水量

2014 年全国总用水量 6095 亿 m³。其中，生活用水占总用水量的 12.6%；工业用水占 22.2%；农业用水占 63.5%；生态环境补水（仅包括人为措施供给的城镇环境用水和部分河湖、湿地补水）占 1.7%。

按水资源分区统计，南方 4 区用水量 3314.7 亿 m³，占全国总用水量的 54.4%，其中生活用水、工业用水、农业用水、生态环境补水分别占全国同类用水的 66.2%、75.9%、45.0%、35.0%；北方 6 区用水量 2780.2 亿 m³，占全国总用水量的 45.6%，其中生活用水、工业用水、农业用水、生态环境补水分别占全国同类用水的 33.8%、24.1%、55.0%、65.0%。

按东、中、西部地区统计，用水量分别为 2194.0 亿 m³、1929.9 亿 m³、1971.0 亿 m³，相应占全国总用水量的 36.0%、31.7%、32.3%。生活用水比重东部高、中部及西部低，工业用水比重东部及中部高、西部低，农业用水比重东部及中部低、西部高，生态环境补水比重基本一致。

5.1.5 居民主要用水指标

2014 年全国用水消耗总量 3222 亿 m³，平均耗水率（消耗总量占用水总量的百分比）为 53%。各类用户耗水率差别较大：农业为 65%、工业为 23%、生活为 43%、生态环境补水为 81%。

2014 年，全国人均综合用水量 447m³，万元国内生产总值（当年价）用水量 96m³。耕地实际灌溉亩均用水量 402m³，农田灌溉水有效利用系数 0.530，万元工业增加值（当年价）用水量 59.5m³，城镇人均生活用水量

（含公共用水）213L/d，农村居民人均生活用水量 81L/d。

按东、中、西部地区统计分析，人均综合用水量分别为 389m³、451m³、537m³；万元国内生产总值用水量差别较大，分别为 58m³、115m³、143m³，西部比东部高近 1.5 倍；耕地实际灌溉亩均用水量分别为 363m³、357m³、504m³；万元工业增加值用水量分别为 41.9m³、64.1m³、47.9m³。

5.1.6　环境保护总体情况分析

1. 河流水质

2014 年，对全国 21.6 万 km 的河流水质状况进行了评价。全年Ⅰ类水河长占评价河长的 5.9%，Ⅱ类水河长占 43.5%，Ⅲ类水河长占 23.4%，Ⅳ类水河长占 10.8%，Ⅴ类水河长占 4.7%，劣Ⅴ类水河长占 11.7%，水质状况总体为中等。从水资源分区看，西南诸河区、西北诸河区水质为优，珠江区、长江区、东南诸河区水质为良，松花江区、黄河区、辽河区、淮河区水质为中，海河区水质为劣。从行政分区看（不含长江干流、黄河干流），西部地区的河流水质好于中部地区，中部地区好于东部地区，东部地区水质相对较差。

2. 湖泊水质

2014 年，对全国开发利用程度较高和面积较大的 121 个主要湖泊共 2.9 万 km² 水面进行了水质评价。全年总体水质为Ⅰ～Ⅲ类的湖泊有 39 个，Ⅳ～Ⅴ类湖泊 57 个，劣Ⅴ类湖泊 25 个，分别占评价湖泊总数的 32.2%、47.1% 和 20.7%。对上述湖泊进行营养状态评价，大部分湖泊处于富营养状态。处于中营养状态的湖泊有 28 个，占评价湖泊总数的 23.1%；处于富营养状态的湖泊有 93 个，占评价湖泊总数的 76.9%。国家重点治理的"三湖"情况如下：

（1）太湖：若总氮不参加评价，全湖总体水质为Ⅳ类。其中，东太湖和东部沿岸区水质为Ⅲ类，占评价水面面积的 18.9%；五里湖、梅梁湖、贡湖、湖心区、西部沿岸区和南部沿岸区为Ⅳ类，占 78.2%；竺山湖为Ⅴ类，占 2.9%。若总氮参评，全湖总体水质为Ⅴ类。其中，东太湖水质为Ⅲ类，占评价水面面积的 7.4%；五里湖、东部沿岸区水质为Ⅳ类，占评价水面面积的 11.7%；贡湖、湖心区和南部沿岸区为Ⅴ类，占 64.1%；其余湖区均为劣Ⅴ类，占 16.8%。太湖处于中度富营养状态。各湖区中，五里湖、东太湖和东部沿岸区处于轻度富营养状态，占湖区评价面积的 19.1%；其余湖区处于中度富营养状态，占 80.9%。

（2）滇池：耗氧有机物及总磷、总氮污染均十分严重。无论总氮是否参加评价，水质均为 V 类，处于中度富营养状态。

（3）巢湖：西半湖污染程度重于东半湖。无论总氮是否参加评价，总体水质均为 V 类。其中，东半湖水质为 IV～V 类、西半湖为 V～劣 V 类。湖区整体处于中度富营养状态。

3. 水库水质

2014 年，对全国 247 座大型水库、393 座中型水库及 21 座小型水库，共 661 座主要水库进行了水质评价。全年总体水质为 I～III 类的水库有 534 座，IV～V 类水库 97 座，劣 V 类水库 30 座，分别占评价水库总数的 80.8%、14.7% 和 4.5%。对 635 座水库的营养状态进行评价，处于中营养状态的水库有 398 座，占评价水库总数的 62.7%；处于富营养状态的水库 237 座，占评价水库总数的 37.3%。

4. 水功能区水质达标状况

2014 年全国评价水功能区 5551 个，满足水域功能目标的 2873 个，占评价水功能区总数的 51.8%。其中，满足水域功能目标的一级水功能区（不包括开发利用区）占 57.5%；二级水功能区占 47.8%。

评价全国重要江河湖泊水功能区 3027 个，符合水功能区限制纳污红线主要控制指标要求的 2056 个，达标率为 67.9%。其中，一级水功能区（不包括开发利用区）达标率为 72.1%，二级水功能区达标率为 64.8%。

5. 省界水体水质

2014 年，各流域水资源保护机构对全国 527 个重要省界断面进行了监测评价，I～III 类、IV～V 类、劣 V 类水质断面比例分别为 64.9%、16.5% 和 18.6%。各水资源一级区中，西南诸河区、东南诸河区为优，珠江区、松花江区、长江区为良，淮河区为中，辽河区、黄河区为差，海河区为劣。

6. 地下水水质

2014 年，对主要分布在北方 17 省（自治区、直辖市）平原区的 2071 眼水质监测井进行了监测评价，地下水水质总体较差。其中，水质优良的测井占评价监测井总数的 0.5%、水质良好的占 14.7%、水质较差的占 48.9%、水质极差的占 35.9%。

5.2 海水淡化产业现状分析

5.2.1 海水淡化形势与需求

1. 解决我国水资源短缺的重要途径

我国水资源贫乏,且时空分布不均,多年平均年缺水量约 404 亿 m^3。沿海尤其是北方沿海地区和海岛水资源短缺问题更加严重,部分缺水城市因超量开采地下水已造成地面沉降、区域性地下漏斗面积增大、生态环境恶化和地质灾害频发等问题。水资源短缺已成为制约我国经济社会发展的重要因素之一。

2. 我国海水淡化面临的机遇与挑战

(1) 发展机遇。我国海水淡化面临的发展机遇主要有:①我国海水淡化技术已有较大的进步,并取得了突破性进展;②在技术研发、装备制造、工程设计建设和工程应用等方面都取得了较快的发展,海水淡化产业发展已具备条件;③海水淡化市场已基本形成,包括海水淡化水及其产业链的各个环节;④各级人民政府高度重视海水淡化,积极出台推动海水淡化产业发展的政策措施;⑤社会各界关注海水淡化产业发展。

(2) 面临挑战。我国海水淡化面临的挑战主要有:①在技术、装备、工程和资金等方面,我国海水淡化整体实力较弱且处于劣势,而国外有关方面占有优势,并十分关注我国海水淡化市场,积极开展相关工作,抢占我国海水淡化市场;②在现行水价体系下,海水淡化成本较高,与自来水价格相比缺乏竞争力;③水资源统筹机制尚未建立等。

5.2.2 海水淡化发展的重要性

海水淡化水是一种新的水源,可用于生产和生活等。海水淡化作为水资源的重要补充和战略储备,要纳入水资源统筹规划和调配。海水淡化产业是战略性新兴产业,是新的经济增长点。海水淡化产业是以生产海水淡化水为主要目的,包括相关技术研发、设备制造、工程设计与建设、生产运营、原材料生产与销售、咨询服务、宣传培训和交流等工序和环节,是具有完整产业链的生产体系。通过大力发展海水淡化,促进产业链延伸,发挥拉动效应。

5.2.3 海水淡化产业发展存在的问题

（1）产业规模问题。海水淡化的容量与世界第二大经济体的地位严重不符，作为水资源缺乏的用水大国，我国海水淡化规模与国外相比有较大差距，截至 2015 年年底，仅为世界规模的 1% 左右。

（2）技术装备问题。目前全国已投建的海水淡化工程特别是万吨级以上工程多采用国外技术，反渗透海水淡化的核心材料和关键设备，如海水膜组器、能量回收装置、高压泵及一些化工原材料等主要依赖进口，按工程设备投资价格比，国产化率不到 50%，这也导致我国海水淡化市场进步缓慢。

（3）成本问题。海水淡化技术就是能源换水源的技术，将海水变为淡水，自然受到能源价格波动的影响。除中东地区国家外，其他国家和地区都面临相同的成本问题。据公开资料，海水淡化成本由投资成本、运行维护成本和能源消耗成本构成。能源成本约占总成本的 40%，运行维护成本涵盖维修成本、药剂成本、折旧、膜更换成本等。目前，国内最好的海水淡化项目吨水成本也要 4~5 元。而即使是水价较高的工业用户，除天津等极少数地区以外，我国各地工业水价几乎都在 4 元以下，就更别说民用水了。淡化水出厂成本高于民用水价的倒挂现象导致海水淡化无法有效形成产业，进行大规模发展。

（4）国家扶持政策问题。我国海水淡化产业与世界先进发达国家相比还存在一定差距，面临诸多挑战，必须正视。一方面就产业政策而言，水价形成机制尚未做出符合市场规律的调整，海水淡化工程相关投资、税收政策也未落地；就市场规范而言，海水淡化标准体系需要贴近需求进一步完善，海水淡化产品质量监管和认证体系尚需完善。另一方面，就工程能力而言，超大型海水淡化工程能力有待提升，产业配套服务能力需要尽快协同跟进；就装备制造而言，国产装备需要深度整合以满足市场期望，国产设备性能需要进一步提高。

（5）环境污染问题。海水淡化工艺中，浓盐水、退役膜等都会造成一定的污染。海水淡化过程中，每生产 1t 淡水将副产 1~2t 浓盐水，如果直排入海，浓盐水将对海洋生态环境特别是封闭性海域产生危害，这已成为制约海水淡化产业发展的瓶颈之一。

5.2.4 海水淡化技术攻关

（1）加强技术创新，尽快提高海水淡化核心竞争力。海水淡化创新体系，包括专业人才、核心技术、创新机制和创新能力等，依靠技术进步，增强创新能力，加快海水淡化核心技术和关键部件的研发步伐，包括反渗透海水膜与膜组件、能量回收装置、高压泵等；蒸馏法海水淡化传热材料及蒸发器等核心部件。

（2）强化设备制造，提升关键设备和成套装置制造能力。加大设计研发和制造力度，优化海水淡化单机和整套装置设计、制造技术，提高设备制造能力，特别是关键设备和成套装置的制造能力。

（3）注重工程示范，提高工艺设计水平和工程建设能力。积极开展海水淡化新技术、新工艺的应用示范，优化海水淡化工艺设计、提高集成技术水平；增强海水淡化工程建设能力，依托工程配套能力。

5.2.5　海水淡化产业的支持政策

启动一批海水淡化重点示范工程和海水淡化水进入水源或市政供水系统的海水淡化试点工程项目；落实和完善有关海水淡化的税收优惠政策，如研究制定海水淡化开发和利用企业所得税、增值税及营业税等的相关优惠政策；鼓励金融机构在风险可控和商业可持续的前提下，创新信贷品种和抵押方式；支持符合条件的海水淡化企业通过发行股票、债券等多种方式筹集资金；引导民间资本合理、规范地进入海水淡化产业；加快建立能够反映资源稀缺性、合理配置水资源、提高用水效率、促进水资源可持续利用和水资源保护的水价形成机制，推进海水淡化水的应用。

5.2.6　海水淡化产业的发展方向

（1）加快应用淡化水，发挥海水淡化水的保障作用。加快研究海水淡化水进入水源或市政供水系统及调水的相关技术和管理办法等，扩大海水淡化水应用规模，提高海水淡化水利用效率和效益，增强其对水资源的补充和保障作用。

（2）建立标准规范，促进海水淡化产业健康发展。建立海水淡化技术、装备、工程、原材料和供水等各个环节的标准体系，研究制定各类相关标准，包括取排水、原材料及药剂、工艺技术、检测技术、工程设计、运行管理、淡化水水质等标准，相关设备的设计和质量标准等，加强对海水淡化产业发展的引导和规范。

5.3　海水淡化成本分析

5.3.1　淡水主要取用方式的成本比较

目前世界上常用的淡水取用方式主要有地下取水、远程调水和海水（苦咸水）淡化三种。开采地下水作为一个重要的开源措施，工程量小、成本低，这是很吸引人的优点，但地下取水受资源条件限制很大，而且许多地区多年来由于过度开采地下水，已形成地下漏斗，造成房屋倾斜，甚至导致了海水倒灌等环境危害，地下水的开采已经受到制约。

远程调水，目前并没有把工程投资费用以及被引水地区的间接经济损失计算在内，仅以日常运行费用、管理费计算其成本，这与真实成本相差很大。其实引水工程，除了巨额的投资之外，还要占用大量耕地，还存在被引水地区的环境危害等问题。

此外，较为常见的新型利用方法有中水回用、污水资源化、雨水利用、节水等，天津还开展了海水直接利用等。为了探讨海水淡化工程与其他新型水资源利用方法相比较而言的优劣性，选取较为典型的南水北调、中水回用与污水资源化、雨水利用 3 种方式进行成本分析，并与以天津北疆发电厂海水淡化工程为实例的海水淡化成本进行综合比较。

目前有很多专家对南水北调工程实施后的单位成本进行过研究，其预测结果互相之间也有很大的差别。有研究认为中线工程引长江水至北京，按现行不变成本计算，引水成本在 5 元/m³ 以上，更有专家给出了 20 元/m³ 的预测成本。尽管现在各方还没有准确的最终成本数据，但是可以确定的一点是，由于目前原材料价格、人工费等各方面费用的大幅上涨，南水北调的最终成本早已超出了最初的预算并很难得到控制。对于京津地区而言，与以上天津北疆发电厂海水淡化项目成本数据相比较，南水北调工程竣工后引水的单位成本已远超海水淡化工程。从资源成本、机会成本和外部成本等方面考虑，南水北调是将南方丰沛的水资源调往水资源稀缺的北方，随着调水量的增加，以及南方用水量的不断增长，水环境的恶化（污染和盐水入侵等），南方水资源使用的边际机会成本将不断上升。北疆电厂水电联产浓海水制盐的方案带来的环境成本近乎为零排放，同样优于南水北调工程可能带来的种种环境影响。因此，从各方面考虑，海水淡化相较于南水北调对于缓解京津地区水危机而言具有竞争优势。在南水北调工程并不能完全满足京津地区未来全部用水需求的情况下，尤其应大力支持海水淡化项目发展。

城市污水资源化是指城市生活污水和工业废水经过适当处理达到一定的水质标准，使之变为城市水源的一部分，达到充分利用水资源和减轻环境污染负荷的目的，这部分水又叫再生水。中水是再生水中重要的组成部分。中水主要是指城市污水、生活污水或工业企业达标污水经过处理后达到规定的水质标准，可以在一定范围内重复使用的非饮用水（如汽车冲洗水、绿化用水及厂矿企业循环水补水等），其水质标准低于饮用水，但高于污水排放标准。从目前计算的工程运营成本而言，中水回用具有优势，而且还具有减少污染排放、节约淡水的正面环境效应。但是海水淡化工程的出水水质为饮用水标准，而中水回用工程的出水水质仅为中水标准，在利用途径上有着本质的差别，海水淡化水可以完全取代淡水资源成为日常居民饮用水、生活用水及工业淡水，而中水仅适用于特定途径。此外，中水回用受制于中水管道铺设，发展速度较为缓慢。对于京津地区而言，中水回用潜力较大，是一种有效的新型水资源利用方式，而且能一举两得减少污染，同时节约淡水资源。但是中水的水质适用范围有限，中水回用与海水淡化的有机结合是一种较好的发展方式。

广义的雨水利用包括水资源利用的各个方面，具有极大的广泛性。狭义的水资源利用是指有目的地采用各种措施对雨水资源进行保护和利用，主要包括收集、储存和净化后的直接利用；利用各种人工或自然水体、池塘、湿地或低洼地对雨水径流实施调蓄、净化和利用；通过各种人工或自然渗透设施使雨水渗入地下，补充地下水资源、集流补灌农业等。雨水利用成本较低，而且处理后能够替代淡水资源，是一种有效的新型水资源利用方式。但是雨水收集受时空影响大，尤其受制于降水量多少，而京津地区降水量少。此外，大型蓄水池需要占据较多的空间，并不适用于京津这样人口密集的大型城市。因此，雨水利用能够作为一种可行的利用方式，但是难以满足京津地区持续大量的淡水需求。而与之相比，海水淡化厂建成之后，在保证淡水的供应方面更具有稳定性。

对于海水淡化，能耗是直接决定其成本高低的关键因素。40多年来，随着技术的提高，海水淡化能耗指标降低了90%左右（从26.4kWh/m^3降到2.9kWh/m^3），成本随之大为降低。目前我国海水淡化的成本已经降至5~8元/m^3。

5.3.2　海水淡化成本的主要影响因素

海水淡化完全成本是指海水淡化生产和使用的循环过程中所发生的取水、输送、净化、分配、使用、污水收集和处理到最终排入自然水体的整个过程中发生的所有成本，也称为社会成本或完全社会成本。从经济学角度考虑，完全成本由资源成本、机会成本、内部成本和外部成本构成。根据完全成本法，海水淡化完全成本的核定可由4部分组成：①海水资源成本$P1$；②边际机会成本$P2$；③内部成本$P3$；④外部成本$P4$。即，完全成本$P=P1+P2+P3+P4$。

海水淡化的资源成本是指抽取海水资源所发生的资源费用。海水淡化的机会成本则是指因海水淡化而不得不放弃海水其他利用方式可能带来的价值损失。海水淡化的内部成本主要由投资费和运行管理费等组成，受淡化方法、淡化规模，当地的水质、水温、地理、地质、气候、能源价格、淡化水的水质要求，设计的选材、开工率、安全容量、使用年限、投资来源、利率、税收等多方面的影响。海水淡化的外部成本主要是指环境成本，包括资源耗减成本，即工程所消耗的资源与能源的价值；环境降级成本，即环境污染所造成的外部成本，由污染物排放引起的价值损失；资源维护成本，即维持自然资源目前的状况而发生的资源维护、技术改造等成本；环境保护成本，即和负面环境影响同步发生，用以维持环境现状而不至于恶化的环境监测、环境管理、污染治理等环境成本支出以及为达到国家和政府对环境的要求而负担的各种费用，如环境税费。

影响海水淡化成本的因素较多，主要有水源水质、海水温度、固定资产投资、设备利用率以及电力能源价格等。在不同的建设条件和运营条件下，不同海水淡化工程的成本差异较大。其成本构成一般包括：能源（电力）费用、药剂费用、人工费用、维护费用、财务费用及折旧费用等。下面主要就现有技术条件下我国反渗透法和蒸馏法淡化技术的成本进行简要分析。

1. 反渗透法淡化技术成本分析

在设计运行良好的情况下，我国反渗透海水淡化的吨水电耗为 $3.8\sim4.1kWh$。按照工业电价平均水平 0.58 元/kWh（2010 年）计算，吨水电力成本为 $2.20\sim2.38$ 元；如果与电厂合建或者采用电厂直供电的情况下，电价可降到 0.40 元/kWh 以内，这样吨水的电力成本可降到 $1.52\sim1.64$ 元。

吨水药剂费用为 0.40 元左右。按照我国目前的平均工资福利水平，一般情况下吨水人工及管理成本约为 0.10 元。设备维护、维修、清洗的年费用约为固定资产总值的 1.5%，为吨水 $0.27\sim0.41$ 元。超滤膜、反渗透膜和滤芯等耗损材料的吨水更换费用为 $0.60\sim0.90$ 元。对于 10 万 m^3/d 级别的海水淡化项目，在银行长期贷款金额占总投资 70%（宽限期 2 年，还款期 10 年），流动资金贷款额占到总流动资金 70% 的情况下，按目前的利率水平，吨水银行财务费用约为 0.30 元。海水淡化装置的寿命在维护良好的情况下可到达 20 年以上，如果按照折旧 20 年，残值 5% 进行，设备利用率 90% 进行估算，反渗透海水淡化的吨水折旧成本为 $0.87\sim1.30$ 元。综上，反渗透海水淡化的成本在 $4.16\sim5.59$ 元/t 之间。其中能源（电力）成本所占比例最大，占 40% 左右，其次是折旧和维护（包含换膜）成本，均占到 22%。

2. 蒸馏法淡化技术成本分析

蒸馏法的电力费用较低，设计运行良好的情况下，一般吨水电耗在 1.4kWh 左右，如果按照工业电价平均水平 0.58 元/kWh（2010 年）计算，吨水电力成本为 0.81 元，如果按照上网电价 0.40 元/kWh 计算，吨水电力成本可降到 0.56 元。一般情况下，吨水药剂费用约为 0.30 元左右。吨水人工及管理成本约为 0.10 元。按照固定资产总值的 1.5% 计算，吨水设备维护费用为 0.36~0.50 元。对于 10 万 m^3/d 级别的海水淡化项目，银行财务费用约为 0.40 元/t；如果按照折旧 20 年，残值 5% 进行，设备利用率 90% 进行估算，蒸馏法海水淡化的吨水折旧成本为 1.16~1.59 元。综上，蒸馏法海水淡化的成本在 4.88~6.70 元/t 之间。其中能源成本最大，所占比例超过一半，达到 55% 左右；其能源成本又以热力成本为主，约占整个能源费用的 3/4。折旧为第二大成本，占 24% 左右。

5.3.3　海水淡化成本降低的主要技术手段

技术进步带来的成本下降和性能上升，是推动海水淡化经济性的核心因素。

（1）20 世纪 50 年代起，多级闪蒸技术首先投运。20 世纪 50 年代，R. S. Silver 和 A. Frankel 发明了多级闪蒸技术，1957 年在科威特建成的 4×2000m^3/d 的 4 级闪蒸装置，标志着多级闪蒸技术已趋于商业化，并于 20 世纪 70—80 年代得到了快速发展。同一时期，C. E. Reid 等首先提出了反渗透海水淡化方案，1960 年，美国加利福尼亚大学的 S. Loeb 和 S. Sourirajan 成功制得了世界上第一张高脱盐率、高通透量、可用于海水脱盐的不对称醋酸纤维素反渗透膜，标志着反渗透膜获得突破性进展。但反渗透膜在海水淡化中的应用始于 1973 年美国 DuPont 公司的 B-10 中空纤维反渗透器。20 世纪 80 年代低温多效蒸馏法面世，该技术对原料海水的预处理要求不高、过程循环动力消耗小、生产的淡水水质高，自开发问世后便在世界范围内迅速得到了广泛应用。

（2）伴随技术进步，反渗透法占比不断上升。20 世纪 80 年代中期之后，随着反渗透膜性能提高、价格下降、能量回收效率的提高等技术的发展，反渗透法成为投资最省、成本最低的海水淡化制取饮用水的过程。过去 40 年来，随着技术的提高，反渗透法海水淡化的能耗指标降低了 90%，从 26.4kWh/m^3 降至 2.9kWh/m^3。

5.4　海水淡化发展策略

1. 我国海水淡化发展对策分析

要做大做强海水淡化产业需从多方面着力。首先，做强海水淡化产业需要社会各界的联动；其次，营造良好的政策环境是当务之急；再者，做大海水淡化产业需要行业的自觉和自律；最后，还要注意平台建设，加强孵化和集聚效应。此外，发展海水淡化，要与资源综合利用相结合，实现循环理念。在发展海水淡化产业上要统筹规划，在优化产业布局的同时，不断提升海水综合利用产业工艺、装备水平和产品价值，推动产业健康快速发展。成本一直是制约海水淡化的重要因素，但事实上海水淡化的成本并非没有压缩的空间，其中关键在于两点：提高核心设备的技术水平和国产化率，以及提升项目运营的能力。在这两点上，可以对海水淡化行业的未来感到乐观：收购，尤其是海外收购成为了国内相关企业实现破局的关键钥匙。

2. 我国海水淡化发展保障措施

我国要形成海水淡化产业支撑体系，要加大对海水淡化的支撑力度；各级财政要对原创技术的海水淡化材料、设备生产项目给予资金支持；鼓励国内项目使用国产材料、设备，鼓励企业出口海水淡化材料、设备，承建国外项目；鼓励海水淡化产水进入市政管网，并给予必要补贴；在满足环保要求的前提下，对海水淡化工程的建设给予支持，鼓励浓海水综合利用。

3. 加速我国海水淡化产业化的策略

海水淡化的本质是以能源换水源，然而海水淡化产业是能耗密集型产业，利用传统能源淡化海水出现了资源短缺、环境污染等问题。近年来，风电、太阳能、海洋能等新能源因其可再生、无污染等特点，受到世界各国研究机构的重视，新能源海水淡化也逐渐走进了人们的生活，特别是多能互补的海水淡化技术，可以解决依靠单一资源所造成的能源供给不足的问题，提高系统的稳定性和经济性。低碳化是海水淡化的未来发展趋势，必须大力发展新能源海水淡化工程。

4. 我国海水淡化产业的管理协调

沿海各级海洋行政主管部门应按照海洋环境保护有关法律法规，做好海水淡化工程环评报告书论证评审、审批等管理服务工作。重点做好万吨级以上大型海水淡化工程和海洋生物种类丰富、环境条件复杂海域海水淡化工程的环评报告书审查。鼓励对海水淡化后浓海水进行综合利用，对于海水淡化后浓海水排海工程要进行充分论证，促进海水淡化与海洋环境协调发展。

5. 国外海水淡化经验给我国的启示

要大力发展海岛海水淡化，建设可靠性高且能与可再生能源结合并可进行远程服务的海岛海水淡化工程设施；开展大型海水淡化工程示范，创建以海水淡化为核心的企业高效供水、用水系统典范，延伸海水淡化产业链条，拓展形成海水资源综合利用；服务国家"一带一路"建设，为此要积极参与海水淡化相关国际组织建设，大力开展援外培训等。

第 6 章

海水淡化技术研究进展

6.1 海水淡化的主要技术

海水淡化就是将海水中的盐和水分离的过程，是通过物理、化学或物理化学方法实现的。海水淡化方法有数十种，但目前投入商业应用的主要有多级闪蒸（MSF）、多效蒸发或多效蒸馏（ME 或 MED）、压汽蒸馏（VC）、反渗透法（RO）等，前三种属于蒸馏法，第四种属于膜法。

6.1.1 多级闪蒸（MSF）

为了克服早期 MED 系统结垢严重的问题，多级闪蒸法于 20 世纪 50 年代被提出并开始发展。由于 MSF 具有结垢倾向小等优点，因此在被提出后就得以快速发展，成为当前技术最成熟，应用最广泛的大规模工业海水淡化技术。MSF 系统同样是由多个蒸发容器（闪蒸室）串联而成，闪蒸室的个数通常称为级数（stage）。按照工艺流程的不同，MSF 系统可分为直流式（Once - Through MSF，又称贯流式）和海水循环式（brine circulation MSF），其中海水循环式 MSF 是当前的业界标准。各级闪蒸室分为两个部分：排热段和热回收段。海水首先被引入排热段的冷凝管中，在吸收蒸汽冷凝释放的潜热后，海水被预热至一个较高的温度。加热后的海水被分成两部分：一部分为冷却海水，排放回海中以排出系统中过多的热量；另一部分为进料海水，经过脱气和化学预处理后，与排热段最后一级闪蒸室内的海水混合。随后循环海水从排热段最后一级中抽出，被引入热回收段最后一级的冷凝管中。当循环海水沿贯穿每一级的冷凝管向第一级流动时，吸收管外闪蒸蒸汽冷凝时放出的潜热而不断升高温度。循环海水进入盐水加热器后，吸收加热蒸汽冷凝释放的潜热，从而温度升高到 TBT，而加热蒸汽则在管外壁被冷凝成冷凝水。此后，热海水依次进入压力逐渐降低的热回收段和排热段的各级闪蒸室，进入各级闪蒸室的热海水的压力高于对应闪蒸室内的压力，海水由于过热而急速蒸发（闪蒸），从而产生蒸汽。各级闪蒸室中由闪蒸产生的蒸汽需要通过除雾器以去除夹带在其中的海水液滴，以提高产品水的质量，防止冷凝管外壁水垢的生成。通过除雾器后，蒸汽在冷凝管外壁冷凝，将释放的潜热传递给管内的海水对其进行预热，而冷凝形成的淡水则被各级闪蒸室内的淡水托盘收集，并向排热段最后一级输送，直至从排热段的最后一级被抽出，为了将系统内盐水的浓度维持在一个合适的值，最后一级闪蒸室内的一部分浓盐水会被排放到海洋中。与 MED 系统相同，MSF 系统需要与真空排气系统连接以排出不凝气，从而消除不凝气的存在对传热的不利影响。

MSF 技术的主要特点有：①海水在冷凝管内被加热且不发生相变，而闪蒸过程发生在各级闪蒸室底部的盐水池的表面，因此加热和蒸发过程分开进行，结垢倾向小；②预处理简单，通常只需要加入酸和阻垢剂来处理海水，防止水垢的生成；③产品水质量高，TDS 通常低于 20mg/L；④运行安全可靠，特别适合大规模海水淡化工业生产；⑤系统操作弹性较小，运行范围为产水量额定值的 80%～110%；⑥操作温度高，TBT 可达 120℃，因而结构材料腐蚀倾向大，且发生腐蚀穿孔时，冷凝管内海水外泄，从而造成产品水的污染；⑦需要较大量的海水在系统内循环，泵的动力消耗大。

6.1.2　多效蒸馏（MED）

多效蒸馏法（Multi - Effect Distillation，MED）的起源可追溯到 19 世纪 30 年代，但早期 MED 一直受换热表面容易结垢（水垢）的制约，直至 20 世纪 60 年代，低温多效蒸馏（Low Temperature MED，LT - MED）技术的开发才使得结垢和腐蚀问题得到缓解。LT - MED 系统中采用水平管降膜蒸发器，可以消除蒸发表面上的静压影响，从而增大总换热系数，在低温 [最高盐水温度（Top Brine Temperature，TBT）为 65～70℃] 下运行也可限制管壁上水垢的形成。当前水平管降膜蒸发器已成为业界标准。

MED 系统由多个蒸发容器串联而成，蒸发容器的个数称为效数（effect），多效蒸馏法的命名也由此而来。MED 工艺流程按照进料海水和蒸汽流动方向的异同可以分为逆流（backward feed）、顺流（forward feed）和平流（parallel feed），其中海水淡化工业上广泛应用的 MED 系统为平流式结构。当海水在冷凝器内预热后被分成两股，一股作为冷却海水被排放回海中，用于排出加入到系统中的过多的热量；另一股作为进料海水被分配到各效蒸发容器中。在每一效蒸发容器中，进料海水通过喷嘴被喷洒在水平布置的换热管上。第一效内水平管上的液膜通过吸收管内加热蒸汽冷凝释放的潜热而蒸发，由此产生的二次蒸汽进入第二效的水平管内驱动管外液膜的蒸发。第一效的加热蒸汽由外部蒸汽发生器（如锅炉，电厂汽轮机等）提供，加热蒸汽在管内冷凝后产生的冷凝水返回到外部蒸汽发生器。此后每一效内水平管外液膜的蒸发都由上一效提供的二次蒸汽驱动，而二次蒸汽则在管内凝结成淡水，并被收集到淡水罐中。由于每一效蒸发容器内的压力依次降低，因而可以实现海水在每一效内的连续蒸发而不需要再提供热量。最后一效产生的二次蒸汽被引入到冷凝器中对海水进行预热。每一效内未蒸发的剩余海水则作为浓盐水被排出。每一效蒸发容器内产生的二次蒸汽都需要经过除雾器以去除夹带在二次蒸汽中的海水液滴，从而提高生产的淡水的质量。系统内的每一效均需要与真空排气系统连接以除去不凝气，不凝气的存在会阻碍传热过程，降低传热系数。

LT-MED 技术的主要特点有：①海水温度越低，对金属材料的腐蚀性越轻，导致水垢生成的无机盐的溶解度也越高，因此 LT-MED 系统中较低的 TBT 可减缓腐蚀和水垢的生成；②海水预处理工艺简单，只需要进行简单的筛分，加入阻垢剂即可；③系统操作弹性大，可在设计的产水量额定值的 40%～110% 范围内运行；④MED 与多级闪蒸不同，不需要大量的海水在系统内循环，因而输送海水所需要的动力消耗小；⑤换热管的内外两侧都存在相变换热，传热系数高；⑥换热管内蒸汽压力大于管外压力，当换热管发生腐蚀穿孔时，只会导致蒸汽向管外的少量泄漏损失而不会影响产品水的质量，因此 MED 系统的操作安全可靠；⑦产品水质量高，TDS 通常低于 20mg/L，特殊应用场合下可低达 5mg/L 以下；⑧由于相变传热系数随温度的升高而增大，因此较低的 TBT 虽然可以减缓腐蚀和结垢，但是也限制了热效率的提高；⑨由于海水在换热管外壁蒸发，因而即使结垢得以减缓，还是有钙类无机盐在管外壁析出，从而导致水垢的生成，需要定期清洗换热管外壁去除水垢，以维持系统的高效稳定运行。

6.1.3 压汽蒸馏（VC）

压汽蒸馏法（Vapor Compression，VC）与 LT-MED 类似，不同的是 VC 结合了热泵，通过压缩蒸汽来驱动盐水分离过程。海水分成两股，在热交换器内分别对浓盐水和产品淡水预热，然后合成一股并与从蒸发器底部排出的浓盐水的一部分混合。混合后的海水通过喷嘴喷洒在换热管束上，管束外的海水吸收管内蒸汽冷凝释放的潜热而蒸发，产生的蒸汽通过除雾器除掉夹带在其中的海水液滴后，被蒸汽压缩器压缩至具有更高的压力和温度。此后压缩蒸汽被送回至换热管束内，在管内压缩蒸汽将释放的潜热传递给管外的海水使其蒸发，而其自身则冷凝形成淡水。系统内的不凝气同样需要通过真空排气系统排出，以消除其不利影响。根据蒸汽压缩器分别采用压缩机、蒸汽引射器、吸收式热泵和吸附-解吸热泵的不同，VC 又可以分为机械压汽蒸馏（Mechanical Vapor Compression，MVC）、热力压汽蒸馏（Thermal Vapor Compression，TVC）、吸收式压汽蒸馏（Absorption Vapor Compression，ABVC）和吸附式压汽蒸馏（Adsorption Vapor Compression，ADVC），其中商业上采用较多的为 MVC 和 TVC。

VC 技术的主要特点有：①相比 MED 和 MSF，VC 系统只需提供动力源，不需要提供额外的外部蒸汽热源，而且也不需要提供冷却水；②海水预处理工艺简单，对海水污染不敏感；③结构简单紧凑，易于模块化构造，可设计成舰载、车载等便携式装置；④整个系统构成闭合循环，蒸汽潜热在系统内循环使用，能量利用率高，经济性好；⑤产品淡水质量高，TDS 低于 10mg/L；⑥海水在换热管束外壁蒸发，容易引起管壁的腐蚀和水垢的生成。VC 技术不适用于大规模海水淡化水生产。

6.1.4　反渗透法（RO）

反渗透法（Reverse Osmosis，RO）起源于 20 世纪 50 年代，并于 20 世纪 70 年代在商业上开始得到应用，之后由于其能耗低的特点，因而得以飞速发展，目前其装机容量在全球海水淡化总装机容量中占主导地位，已成为最成功的海水淡化技术。RO 的基本原理是一个通过压力驱动从而克服自然渗透现象的过程，自然状态下浓度梯度的存在将驱使溶剂（例如水）从稀溶液通过半透膜向浓溶液输运，达到新的化学平衡时半透膜两侧溶液的液位差产生的压力即为渗透压。当在浓溶液一侧施加大于渗透压的压力时，溶剂将从浓溶液向稀溶液输运，与自然渗透方向相反，因而该海水淡化方法被称为反渗透法。经过预处理后的海水在高压泵的作用下，海水中的水通过半透膜而迁移到淡水侧，盐分和其他成分则遗留在海水侧。而水通过半透膜的机理是水分子通过亲水性半透膜而扩散的能力要远强于盐分和海水中的其他成分，这也是半透膜半透性的本质所在。由于 RO 系统中大部分的能量损失来源于排放的海水的压力，因而商业 RO 系统通常配置了能量回收装置以回收排放的浓盐水中的机械压缩能，从而提高系统的能量使用效率。

RO 技术的主要特点有：①盐水分离过程中不涉及相变，能耗低；②工艺流程简单，结构紧凑；③RO 系统中的半透膜对海水的 pH，以及海水中含有的氧化剂、有机物、藻类、细菌、颗粒和其他污染物很敏感，因此需要对海水进行严格的预处理；④半透膜上容易生成水垢和污垢，从而导致脱盐率衰减，水质不稳定，需要定期对半透膜进行清洗和更换。

6.1.5　冷冻法（FM）

冷冻法通过相变（由液体变固体）来实现盐水分离，其基本原理为：海水在结冰时，水首先被冷冻从而生成冰晶，而盐分被排除在冰晶之外存在于剩余的浓海水中，将冰晶从浓海水中分离出来，经过清洗和融化后即可得到淡水。按照冰晶生成方式的不同，冷冻法可以分为天然冷冻法和人工冷冻法，其中人工冷冻法又可以分为直接接触冷冻法、间接接触冷冻法、真空冷冻法和共晶分离冷冻法。目前，冷冻法在海水淡化上还没有得到商业应用，而主要应用于以下 3 个方面：处理有害废物，浓缩果汁和有机化学物质提纯。冷冻法的主要特点有：①冰融化的潜热为水汽化潜热的 1/7，因此相比热蒸馏法，冷冻法能耗较低；②操作温度较低，可减少水垢和腐蚀问题，能够采用廉价的结构材料；③预处理工艺简单，甚至可以不需要；④对污垢和海水水质不敏感；⑤工艺繁琐复杂，投资和运营成本较高；⑥清洗冰晶的过程中需要用到部分产品水；⑦结晶过程中冰晶中会残留部分盐分；⑧相比热蒸馏法可以利用低品位热源，结晶过程需要利用高品位能源。

6.1.6 电渗析法（ED）

电渗析法（ElectroDialysis，ED）与 RO 同属于膜方法，不同的是 ED 是由于海水中的盐分通过离子交换膜迁移从而产生盐水分离。ED 系统中交替排列了一系列的阴、阳离子交换膜，相邻的阴、阳离子交换膜之间形成通道，在膜的两端布置了正负电极。当海水流入膜之间的通道内时，处在海水内的正负电极通以直流电，海水内的带电离子（如 Na^+ 和 Cl^-）在直流电场的作用下向带有与其相反电荷的电极移动，即阳离子（如 Na^+）向负极移动，阴离子（如 Cl^-）向正极移动，阴离子可以自由通过离其最近的阴离子交换膜，而在进一步向正极移动的过程中会被阳离子交换膜阻挡，同样阳离子可以通过最近的阳离子交换膜，但在进一步向负极移动的过程中被阴离子交换膜阻挡。最终的效果是浓缩的海水和稀释的海水（即淡水）在膜的两侧通道内分别形成，而后分别被引出 ED 系统。

ED 技术的主要特点有：①盐水分离过程中无相变；②相比 RO 技术中的半透膜，离子交换膜具有更高的化学和机械稳定性，也可以在更宽的温度范围内运行，对不同的水质有较好的灵活性，预处理工艺简单；③水回收率高；④结构简单紧凑；⑤耗电量与海水的浓度成正比，从能量经济性的角度考虑一般适用于苦咸水淡化；⑥只能去除海水中的带电离子，对中性的有机物、细菌和非离子成分等物质则无法处理，也无法改变残余浊度，因此需要进行额外的处理才能达到饮用水标准；⑦离子会在电极和离子交换膜表面聚集，随着时间的推移会导致污垢的生成，因而需要定期进行清洗。

为了解决结垢的问题，发展了频繁倒极电渗析法（Electro Dialysis Reversal，EDR），在 EDR 中电极极性周期性地反转，从而浓盐水通道变为淡水通道，而淡水通道变为浓盐水通道，离子反向迁移。EDR 有利于破坏和冲洗水垢、污泥和其他沉积物，从而减少预处理时化学品的使用和污垢的生成。

6.1.7　正渗透（FO）

正渗透（Forward Osmosis，FO）海水淡化技术与 RO 技术相同，采用半透膜将淡水和海水分隔开，但不同于利用外加压力作为驱动力实现淡水通过半透膜，FO 利用的是由高盐度汲取液（又称驱动液）产生的自然的压力梯度，与另一侧的海水相比，汲取液具有更高的渗透压和更低的化学势，从而使海水内的水通过半透膜向汲取液一侧移动。汲取液中的淡水通过其他分离方式进行分离，而分离方式依赖于汲取液的特性，分离出来的汲取液可以回收再利用于 FO 工艺中。FO 具有低能耗（$0.25kWh/m^3$）、膜污染倾向小和低成本等优势。但是当前 FO 海水淡化仍面临浓差极化、膜污染、溶质逆向扩散、膜的选择和开发以及汲取液的选择和发展等问题。浓差极化包括发生在 FO 膜多孔支撑层内的内部浓差极化和发生在 FO 膜活性层表面的外部浓差极化。外部浓差极化会减小驱动力，可通过增大流动速度或湍流度以及优化水通量来减轻外部浓差极化对 FO 膜通量的不良影响，但造成膜通量下降的主要原因不是外部浓差极化，而是内部浓差极化，内部浓差极化可使膜通量下降 80％以上，由于内部浓差极化发生在多孔支撑层的内部，因此无法通过增加流动速度或湍流度等改变水动力学条件的方法来缓解内部浓差极化。也正是由于内部浓差极化的存在，RO 膜不适用于 FO 海水淡化。研究表明在多孔支撑层涂覆聚多巴胺可以增加 FO 膜的亲水性并削弱内部浓差极化。此外，通过膜表面改性可以有效抑制膜污染。而溶质逆向扩散只与 FO 膜活性层的选择性有关，改善活性层的选择性即可减轻溶质逆向扩散。由此可见，FO 膜是 FO 海水淡化的关键部件，合理地选择 FO 膜可以有效地解决浓差极化、膜污染和溶质逆向扩散等问题。汲取液对于 FO 同样至关重要，其选择关系到膜通量和 FO 的经济性。理想的汲取液应满足以下特征：①高渗透效率，即溶解度高且分子量小；②保证最小的溶质逆向扩散以维持驱动力，避免污染进料海水；③与 FO 膜具有化学相容性；④无毒；⑤从水中分离出来的方法简单、廉价，且能够重复使用；⑥成本低廉。

6.2　海水淡化技术的主要进展

在能源问题日益严峻的今天，选择一种合适的海水淡化方法，是不得不考虑的问题。R. Semiat 从热力学和传热理论方面对海水淡化能量需求进行了分析，并给出了海水淡化不同地区不同方法对能源的实际需求情况。从当前海水淡化运行来看，开发利用以可再生清洁能源为主的新能源进行海水淡化具有十分现实的意义。目前来看，风能、太阳能、核能、波浪能、潮汐能和液化天然气（LNG）等新能源是海水淡化技术中可利用的清洁能源。

6.2.1 火电厂结合技术进展

水电联产是水处理技术在能源与生产方面的耦合，海水淡化需要蒸汽和高温水，而电厂恰恰能提供这种条件，节约了能源。水电联产主要是指海水淡化水和电力联产联供。由于海水淡化成本在很大程度上取决于消耗电力和蒸汽的成本，水电联产可以利用电厂的蒸汽和电力为海水淡化装置提供动力，从而实现能源高效利用，降低海水淡化成本。国外大部分海水淡化厂都是和发电厂建在一起的，这是当前大型海水淡化工程的主要建设模式。

目前在传统的海水淡化技术结合火力发电厂能源的回收利用方面取得了不错的成果。C. Som‐mariva 提出了利用热电厂废热流提高海水淡化效能的新方法。Wu Lianying 等建立了年成本最小的热电联产系统的详细数学模型，提出了新的混合编码遗传算法用于解决模型的最优化问题，并针对黄岛热电厂进行了案例分析，结果表明：所设计模型能够根据淡水需求变化进行调节。樊雄等阐述了火电厂独有的有利于海水淡化的各种因素，分析了常规反渗透海水淡化的设计条件，并对火电厂反渗透海水淡化系统设计进行了研究。陈跃华等针对国内水资源日益匮乏的现状，结合火力发电厂能源的回收利用，在传统的海水淡化技术系统基础上提出了蒸馏法和反渗透膜法相结合的海水淡化系统——MSF‐RO 联合海水淡化系统。严俊杰等针对供热机组进行电水联产的参数特点，综合多级闪蒸海水淡化技术（MSF）和低温多效蒸馏海水淡化技术（LT‐MED）的优点，提出了一种多级闪蒸海水淡化的改进系统（MSF‐E）。

6.2.2 新能源利用技术进展

1. 风能、太阳能技术

在日照充分、风力强的地区，利用太阳能、风能以及潮汐能等可再生能源，是非常好的海水淡化能源选择。风能海水淡化分为直接风能海水淡化和间接风能海水淡化。直接风能海水淡化就是直接将风力的机械能用于海水淡化，也就是将风力涡轮的旋转能直接用于驱动 RO 单元或 MVC 单元。间接风能海水淡化就是利用风能发电产生的电能来驱动海水淡化装置。德国著名风电公司 Enercon 进行了基于风力发电的海水淡化研究，设计并生产出以反渗透海水淡化技术为基础的新型可变负荷运行的风电海水淡化装置，成功地解决了因风电不稳定而需独立为海水淡化系统供电的限制。该系统已经在挪威 Utsira 进行了运行测试。将抽水蓄能和风力发电机结合起来，不仅能大量存储风电，稳定地给负荷供电，提高系统的稳定性，而且节能环保。D. Manolakos 等研究了偏远地区供电供水的复合系统的仿真和优化。S. V. Paperfthymiou 等针对希腊的 Ikaria 岛研究了风电-抽水蓄能复合系统，提出了优化运行策略，并对运行进行了 1 年仿真实验。S. V. Papaefthimiou 等针对兆瓦级孤岛电网风电-抽水蓄能复合系统提出了特定的运行策略，并评估了风力发电-抽水蓄能-海水淡化综合系统投资的可行性。为解决我国海岛的用电用水问题，任岩等研究了风电-抽水蓄能-海水淡化综合系统及其智能控制，建立了系统的数学模型，并对系统进行智能控制。何小龙等根据风光互补供电海水淡化装置原理，研制了小型风光互补反渗透海水淡化装置，利用风电和太阳能作为能源驱动反渗透海水泵工作，吨水能耗约 4.8kWh。随着太阳能利用技术的提高，利用太阳能驱动海水淡化的技术发展较快。将太阳能蒸馏海水淡化技术和太阳能反渗透海水淡化技术相结合，是目前研究的热点。K. Paulsen 等设计了多级太阳能海水淡化系统，实验证明是传统温室太阳能系统产水量的两倍。E. Saettone 改进了一种小型太阳能海水淡化设备，该设备主要由抛物线聚光槽（PTC）和矩形吸收腔组成，并通过对 PTC 进行研究分析加以改进，使其效能提升 95％。李正良等设计了一台具有多级降膜蒸发、多级降膜凝结等强化传热传质过程的吸收式太阳能海水淡化装置，并用模拟热源对之进行了试验研究。

2. 核能技术

核能海水淡化是利用核反应堆释放出的热能或者转化的电能作为能量进行海水淡化，核能海水淡化连接方式主要包括核电站和淡化装置的连接、供热用核反应堆和淡化装置的连接、水电联产核反应堆和淡化装置的连接。目前世界上已有 11 个核电站安装了海水淡化装置，分别采用多级闪蒸低温多效和反渗透工艺，提供饮水和核电站补给水。但核能废料具有放射性，一次性投资成本较大，且核能淡化的安全性、可靠性尤为重要。自日本福岛核电站核泄漏后，目前加强核能海水淡化的安全监测与应急处理技术研究，提高核能可靠性成为核能海水淡化的研究重点。

目前已经有一些淡化设施采用了核能。哈萨克斯坦 Aktau 的 MAEK 海水淡化厂于 20 世纪 70 年代投入运行，1999 年关闭，产能为 12 万 m^3/d。该厂配合了三座大型供热厂和一座核电厂，为周边城市供水，并为一些工厂提供工业蒸馏水。在俄罗斯罗斯托夫核电厂，有 4 座淡化厂运行，并且还有 4 座在建，每座工厂每天生产淡化水 50 万 m^3/d。

核能海水淡化倡议得到 IAEA 的支持，目前在世界各地有许多核能海水淡化中间规模项目正在实施。日本基于目前主要的 3 种海水淡化技术都设置了研发项目，第一个创建于 1978 年。印度也建有一座混合了多级闪蒸技术（MSF）和反渗透技术（RO）的小型工厂，2002 年开始运行。

俄罗斯 Rosatom 集团下属的 Sverdlovsk 化学工程研究院为 MAEK 工厂生产设备。鉴于这些工厂已经取得的经验，以及在核电厂设计中考虑整合一座淡化设施，俄罗斯 Rosatom 公司核电综合产出中将包括海水淡化。

这样一个综合系统将包括一座大型 VVER 反应堆（3200MWt），采用多效蒸馏技术（MED），产能将达到 17 万 m^3/d。海水淡化采用核能比化石能源对环境更有好处，例如二氧化碳的排放、灰尘和炉渣的产生等。

3. 海洋能技术

波浪能和潮汐能作为海洋中的清洁可再生能源，开发潜力巨大。我国波浪能和潮汐能的蕴藏总量分别达到 70GW、110GW。A. J. Crerar 等提出了一种波浪能驱动的蒸汽压缩海水淡化系统，并进行了相关的试验和数学模拟。刘美琴等对波浪能利用的发展与前景进行了论述。孙业山等对波浪能海水淡化进行了应用研究，研制出日产水量 10t 的波浪能海水淡化样机，并使用差动式能量回收装置来降低系统的能耗，综合能耗为 $5.5kWh/m^3$。刘业凤等根据潮汐能和太阳能的特点，并基于多效蒸馏技术，提出了一种新型的太阳能多效蒸馏海水淡化装置，该装置利用了降膜蒸发和降膜凝结强化传热技术。

6.2.3 反渗透技术进展

6.2.3.1 渗透及反渗透的相关概念

渗透是指利用半透膜中分子晶格空隙对水及盐类溶解度的差异将其分离。在半透膜两侧分别为淡水及含盐类溶液。依热力学定律，物质会趋向较低化学势能的方向移动，因盐水的化学势能低于清水，故淡水一侧会产生渗透流，通过膜面，进入盐水溶液，直到膜两侧化学势能达到平衡为止。当两侧的压力差等于渗透压时，则达到平衡状态。若在盐水一侧施加大于渗透压的压力时，则盐水的化学势能会高于清水，而使盐水中的水分通过膜面流向清水侧，此种现象即称为反渗透。

6.2.3.2　反渗透膜法海水淡化技术的发展历程

发现渗透现象已有 200 多年的历史，现代的反渗透海水淡化则是 20 世纪 50 年代以来的研究结果。1953 年 Florida 大学和 California 大学在美国盐水局的资助下对反渗透水淡化进行了研究，结果表明二醋酸纤维素制成的膜可以从海水中提取淡水。60 年代末期，Gulf General Atomics 与 Aerojet General 开创了反渗透的商业时代，在美国盐水局的资助下，开发了二醋酸纤维素膜制成的螺旋式构型组件。同期，美国 Du Pont 公司研制出了以尼龙—66 为膜材料的中空纤维组件，并于 1970 年应用于苦咸水的淡化。1971 年 Du Pont 公司推出采用聚芳香酰胺中空细纤维组件，1973 年末又推出可以经过一级脱盐就能由海水制成饮用水的膜组件。70 年代中期，Dow 化学公司、日本 Toyobo 公司先后推出了三醋酸纤维素中空纤维膜组件 Fluid Systems Division 与 Film Tec，推出了螺旋卷式聚酰胺薄膜复合膜。80 年代，反渗透海水淡化研究的重点集中在提高膜的脱盐率和水通过率上。90 年代出现的采用微滤、超滤或纳滤等膜技术作为反渗透海水淡化系统的预处理工艺，使得反渗透海水淡化装置更加可靠。用膜技术作为海水反渗透的预处理，不需要加入絮凝剂、杀菌剂和还原剂等化学药品，同时也省去了保安过滤器，使反渗透的进水水质从传统处理方法能够达到的出水污染指数小于 3 改进到小于 1，能有效去除进料海水中的胶体类物质，延长了反渗透膜的使用寿命。经过几十年的不断发展和改进，海水淡化反渗透复合膜的性能已经有了较大的提高，产生了很高的经济效益。

6.2.3.3　反渗透膜法海水淡化技术的主要创新

1. 不对称膜

Loeb 和 Sourirajan 于 1960 年制得了世界上第一高脱盐率、高通量、不对称醋酸纤维素（CA）反渗透膜。其创新在于，以往的膜皆为均相致密膜（厚约 11mm），传质速度极低，无实用价值，而不对称膜仅表皮层是致密的（厚约 $0.2\mu m$），仅此一点，使传质速度提高了近 3 个数量级。20 世纪 70 年代研制了优异的 CA - CTA 膜，其中之一的性能为在 10.2MPa 操作压力下，对 35000mg/L NaCl 溶液，脱盐率 99.4%～99.7%，水通量 20～30L/(m^2 · h)。

2. 复合膜

复合膜的概念是在 1963 年提出的，其创新点在于膜的脱盐层和支撑层分别由优选的材料来制备，如脱盐层（厚约 $0.2\mu m$）是芳香族聚酰胺，支撑层是聚砜，这使膜的性能进一步提高。历年来，开发了许多不同用途的复合膜，如用于海水淡化的"高脱盐型"，纯水制备的"超低压和极低压型"，废水处理的"耐污染型"等。最近海水淡化的"高脱盐型"复合膜性能大大提高，在 $5.52\,MPa$ 操作压力下，对 $35000\,mg/L\,NaCl$ 溶液，脱盐率为 99.8%，水通量达 $40L/(m^2 \cdot h)$ 以上。

6.2.3.4　膜组器技术的发展

反渗透膜组器技术的创新，使膜的性能得以充分的发挥，这里特别提出的是中空纤维反渗透器和卷式反渗透元件。

1. 中空纤维反渗透器

经多年的研究开发，1975 年美国 DuPont 公司推出 B-10 型海水脱盐用聚酰胺中空纤维反渗透器；1980 年日本 Toyobo 公司推出 Hollosep 型海水脱盐用 CTA 中空纤维反渗透器。其特点是一支反渗透器内可含几十万到几百万条中空纤维，具有最高的膜面积堆砌密度。

2. 卷式反渗透元件

卷式元件的概念是 1964 年提出的，经 10 多年的多次更新换代，20 世纪 70 年代中商品化，其构思是数个膜片对和流道隔网绕中心多孔产水管卷起来，呈筒状；使用时几个元件以串接方式放入一个压力容器中。经膜片对的数目和宽度、流道隔网的式样和厚度、黏合和密封方式、多个元件产水的收集方式和端封等的不断研究和改进，目前复合膜广泛用于卷式元件的大规模生产，元件的直径为 4 英寸、8 英寸、16～18 英寸等，以 8 英寸的居多。

6.2.3.5　关键设备的改进

SWRO 用的关键设备，如高压泵和能量回收装置也得到快速的发展。除高压泵的品种和型号不断增多，容量不断增大，以及效率不断提高（达 80% 以上）之外，特别应提及的是能量回收装置。第一代能量回收装置是与高压泵电机主轴相连的涡轮机，之后是水力涡轮增压器，效率都在 60%～70%；新一代产品为功或压力交换器，直接将压力由浓海水传给新进的海水，效率大于 90%，这样反渗透海水淡化的本体耗电降至约 $3kWh/m^3$。

6.2.4　其他新技术进展

Chen Shanshan 等基于微生物燃料电池（MFCs）的研究，在微生物燃料电池两室构型的基础上通过添加脱盐室使其具有海水淡化的作用，并对微生物燃料电池海水淡化进行了研究，利用双极性膜设计了四腔生物电解海水淡化电池，使其腔内 pH 保持在 7，提高了微生物的活性。液化天然气（LNG）作为一种深冷冷源，LNG 海水淡化属于冷冻法海水淡化技术的一种，利用 LNG 气化过程中的冷能作为能源。E. G. Cravalho 等提出了利用 LNG 进行冷冻海水的方法。沈清清等进行了 LNG 间接冷冻法海水淡化技术的研究，对关键部件和相关参数进行了分析，并制造了海水淡化的样机。LNG 冷能是一种清洁能源，具有很高的利用价值，但目前 LNG 冷能大都直接排放到大海和空气中，对环境构成了一定的威胁。进一步对 LNG 海水淡化技术进行研究，在我国有着广阔的前景。

6.3 我国海水淡化技术历史沿革及发展方向

6.3.1 我国海水淡化主要技术发展历程

我国研究海水淡化技术起步较早，也是世界少数几个掌握海水淡化等资源利用先进技术的国家之一。国家海洋局在杭州第二海洋研究所建立了海水淡化研究室，后来发展为国家海洋局杭州水处理技术研究开发中心。1984 年组建了国家海洋局天津海水淡化与综合利用研究所。经过 40 余年的发展，培养造就了一批海水资源利用专门技术人才，在国家数个攻关计划的支持下，取得了举世瞩目的一大批科研成果。

1958 年首先开展电渗析海水淡化的研究，1967—1969 年国家科委和国家海洋局共同组织了全国海水淡化会战，同时开展电渗析、反渗透、蒸馏法多种海水淡化方法的研究，为海水淡化事业的发展奠定了基础。在国家科技攻关计划的支持下，反渗透法海水淡化技术首先在国内开始推广应用，自国家海洋局杭州水处理技术研究开发中心在浙江省嵊泗县嵊山岛建设了国内首个日产 500t 淡水的反渗透海水淡化示范工程后，国内反渗透海水淡化技术得到了极大的发展，目前已建设各种规模的反渗透海水淡化装置 10 余套，海水淡化装置的产水量已达 10 多万 m^3/d。设备造价从刚开始的 5000~6000 元/t 淡水降到目前的 3000~4000 元/t 淡水。电耗从最初的 5.5kWh/t 淡水降到目前的约 3.5kWh/t 淡水。

早期蒸馏方面的研究主要进行船用小型压汽蒸馏装置的开发，直到 20 世纪 80 年代初进行过日产淡水百吨的 MSF 中试研究。其中 1981 年在西沙永兴岛建成的电渗析海水淡化站是我国第一处苦咸水脱盐示范工程，满足了当时的军用和民用需求。

2005 年海水淡化工程项目进入迅速发展阶段。2005 年第一套万吨级海水淡化项目，10800 m³/d 大唐王滩发电厂海水淡化项目建成投产；"十一五"期间，我国海水淡化产能年均增长超过 60％，截至 2010 年年底，国内建成海水淡化装置 70 多套，设计淡化水产能 60 万 m³/d；在建装置 5 套，设计淡化水产能 26 万 m³/d。其中，反渗透法占总产能的 66％，低温多效蒸馏法占 33％，其他海水淡化方法占 1％。反渗透和低温多效蒸馏两大主流海水淡化技术得到较快发展，成本不断降低。反渗透海水膜、高压泵、能量回收装置、反渗透膜压力容器、海水预处理连续膜过滤组器等取得明显进步；膜通量增加了近40％，脱盐率由 99.2％提高到 99.7％以上；能量回收装置的应用和不断改进使能耗大幅降低，新一代正位移式能量回收装置的回收效率达 94％以上。我国已自主建成日产万立方米级反渗透海水淡化装置，海水淡化工程进入大型化阶段。目前，反渗透海水淡化投资为 6000～8000 元/m³，综合产水成本为5～6 元/m³。2009 年第一套 10 万 t 级海水淡化项目，10000m³/d 天津大港新泉海水淡化工程建成投产。在此期间，共有 51 套海水淡化工程建成投产，日处理能力累计达 70.744 万 m³/d，其中万吨级以上项目 19 套，10 万吨级以上项目 3 套。

6.3.2　我国与国际海水淡化技术领先国家现状比较

以色列作为国际海水淡化技术领先的国家，依托先进技术、设计理念，吨水成本能达到人民币 3～4 元，与我国相比其主要特点如下：

（1）研发投入大，技术领先。多年来，以色列政府始终支持着海水淡化的研究工作，有关经费占国内生产总值的比重位居世界第一，海水淡化技术也由最初的多级闪蒸逐步发展到世界领先的低温多效和反渗透膜技术，以其设备简单、易于维护和设备模块化的优点迅速占领市场。

从成本结构来看，虽然以色列项目吨水折旧（1.60 元/m³）略高于国内项目（1.50 元/m³），但是由于技术领先、设备耗材使用寿命长，以色列吨水电耗、项目维修费、膜更换费用等运维费用显著低于国内项目。

（2）科学规划，取水用水有保障。早在 20 世纪 90 年代末，以色列政府就对未来 20 年的海水淡化做出了全面评估和规划。首先，充分估算对海水淡化水的需求量，即生活用水、工业用水、农业用水和其他用水的需求量与天然淡水、咸水和循环水的供应量之间的差额，根据差额确定海水淡化工厂的产能目标；其次科学确定海水淡化工厂的地址：①邻近地中海；②邻近人口聚集的大城市和工业中心；③方便接入国家输水工程的节点。

（3）电水联产，降低单位电价。考虑到用电成本占海水淡化成本的40%左右，以色列政府在招标时鼓励海水淡化厂建立专门的发电厂，实现电水联产，并协定多余电量可卖给国家电力公司。估算以色列典型海水淡化项目单位用电成本为0.05美元/kWh，折合人民币0.33元/kWh，远低于国内0.7元/kWh左右的用电成本。

我国长海县海水淡化项目与以色列Ashkelon海水淡化项目成本构成见表6-1，吨水电耗对比如图6-1所示。

表6-1　　　　　　　我国与以色列典型海水淡化项目成本构成　　　　单位：元/m³

成本结构	我国长海县海水淡化（5000t/d）	以色列Ashkelon海水淡化项目（14000t/d）
电费	2.80	1.22
系统折旧	1.50	1.60
维修	0.97	0.85
膜更换及其他	1.03	0.53
合计	6.30	4.20

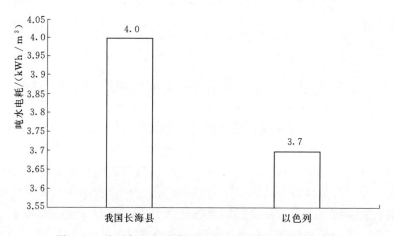

图6-1　我国与以色列典型海水淡化项目吨水电耗对比

6.3.3　我国海水淡化技术发展方向

综上所述，我国海水淡化技术的发展方向主要如下：

（1）加大大型热法膜法海水淡化、大型海水循环冷却等关键技术，反渗透海水淡化膜组件、高压泵、能量回收等关键部件和热法海水淡化核心部件的研发力度，以及化工原材料和相关检验检测技术的研发力度，鼓励开发海水淡化新技术，增强自主创新能力和配套能力。

（2）积极研究开发利用电厂余热以及核能、风能、海洋能和太阳能等可再生能源进行海水淡化的技术，鼓励沿海有条件的发电企业实行电水联产。

（3）研究建立国家级工程技术中心等科技创新服务平台，加强国际技术交流与合作，提高海水淡化关键设备、成套装置研制能力和技术集成水平。

第 7 章

海水淡化装置发展状况

7.1 我国海水淡化装置发展概况

1. 首台百吨低温多效海水淡化装置研制成功

2004 年国内首台百吨级低温多效海水淡化装置在秦皇岛问世。有专家指出，该项技术及装置的研制成功结束了国外公司的技术垄断和封锁，填补了国内该领域的空白，达到国内领先水平，应用前景非常广阔。该装置可以根据不同地理条件和设备等级，可采用煤、电、油、工业余热及太阳能等进行海水淡化，满足沿海、海岛及内陆苦咸水地区人民的生产、生活用水需求。

2. 国内首个热法海水淡化装置投运

2015 年 9 月 24 日，宝钢湛江钢铁基地海水淡化装置投入运行。纯净的蒸馏水从直径 6.8m、总长 78.5m 的出水口汩汩流出，标志着由上海电气牵头的国内首个热法海水淡化 EPC（设计、采购、施工）总承包工程 1 号机顺利投运，1 号机日出水量为 1.5 万 t。

在上海市科委、市经委等部门支持下，上海电气研发团队与上海交大、同济大学等合作，走上了自主研发之路。目前，他们已申请 7 项专利，制定了 12 项企业标准，参与研制了首套国产万吨级（1.25 万 t/d）和国内单机规模最大（2.5 万 t/d）的热法海水淡化装置，均已在河北黄骅电厂成功投运制水。上海电气还承担了科技部"大型低温多效蒸馏海水淡化系统集成与工程示范"项目，正在向 5 万 t/d 的大型装置进军。

3. 国内首套柴油机废热海水淡化系统成功出水

在位于伶仃洋上的桂山岛上，海水淡化示范项目出水现场，中国科学院先进技术研究所（简称广州先进所）的工作人员，仅用 2min 左右的时间就让苦涩的海水变成符合国家饮用水水质标准的淡水。广州先进所水科学研究中心张凤鸣博士表示，这次成功出水的海岛水电联产系统，是国内首套使用废热的低温多效蒸馏海水淡化示范系统。示范系统的运行数据显示，当柴油发电机发电功率在 200～800kW 时，一个小时可以产出淡水 1～2.5m³，这些水足够 150～300 人一天的用水需求了。"我们研发出的利用余热进行海水淡化的新技术，可用于海岛、远洋渔船、海上平台、沿海地区等，可大幅降低海水淡化实际能耗和成本"，虽然没有进行严格的成本核算，但张凤鸣预计说，

77

使用发电废热淡化技术较之目前常规的海水淡化技术,成本降低至少 1/3。

4. 神华舟山电厂海水淡化装置成功制水

神华舟山电厂 12000t/d 海水淡化装置整套启动一次成功,顺利制水,各系统运行正常。舟山电厂海水淡化建设规模 1.2 万 t/d,采用带蒸汽热压缩器的低温多效蒸馏海水淡化(MED-TVC)方案,选用国华电力自主开发的单机产水量 1.2 万 t/d MED-TVC 设备,总投资 12139 万元(静态)。

7.2　船用海水淡化装置的应用与发展分析

7.2.1　海水淡化设备船用的基本情况

淡水是海上船只生活和航行的重要保障。船上淡水有两种用途,一是作为生活用水,供饮用和洗涤;二是作为动力装置的补给水,特别是蒸汽动力装置和其他耗水设备。船用海水淡化装置生产淡水可以保证船上淡水的持续供应,减少船舶淡水舱容积,提高船舶的货物运载和续航能力。

船用海水淡化装置的产水量通常按人员数量和动力机器大小进行设计,舰船上生活用淡水量通常按 170L/(人·d)计算;而动力装置的补给水量则与动力装置的型式和用气设备的密封状况密切相关,对于蒸汽轮机发电装置,一般常按锅炉蒸发量的 1% 考虑;而对于装有飞机弹射器的蒸汽轮机动力装置航空母舰,则通常按锅炉蒸发量的 3%~5% 考虑。

7.2.2　船用海水淡化装置的研究进展

在 20 世纪 80 年代以前,国内外船用海水淡化装置基本上都是采用蒸馏法。1973 年美国杜邦公司率先在国际海水淡化会议上宣布研制成功 B10 海水淡化中空纤维膜,此后美国多家公司相继研制成功。近年来,随着反渗透膜的不断发展,反渗透海水淡化技术更趋完善,投资及成本不断降低,船用反渗透海水淡化装置也随之得到发展。

1. 普通舰船

20 世纪 80 年代以前,船用海水淡化装置基本上是浸管式、闪蒸式和电动压汽式 3 种。但是,在内燃动力装置舰船上,多采用以柴油机缸套冷却水或废气锅炉热水/蒸汽为热源的浸管式装置(又称废热式淡化装置)。80 年代以后，在船用淡化装置队伍中，增加了反渗透式，通过美国海军泰勒研究中心于 1988 年在驱逐舰（DD－992）上进行的技术评定试验和运行评定试验，认为反渗透式海水淡化装置的性能和可靠性均佳。因此，反渗透海水淡化装置被美国海军批准在水面军用舰船中使用。

2. 航母

从现有资料看，美国、法国等国家的航母最新采用的海水淡化装置归纳起来主要有两种形式，即闪蒸式和浸管式。如"企业"号等大型常规蒸汽动力和核动力航母均采用双级闪蒸式蒸馏装置，其单台容量为 $266m^3/d$（70000gal/d），全舰共装 4 台。法国常规蒸汽动力装置航母"贞德"号所采用的双效浸管式蒸馏装置工作原理是第一效采用表压为 0.1MPa、280℃的乏汽加热。给水经海水加热器由第一效加热蒸汽加热后，进入第一效蒸发器，蒸发出的二次蒸汽一部分作为第二效的加热蒸汽，其余部分进入海水加热器加热给水。第一效蒸发后的给水进入第二效再次蒸发，蒸发出的蒸汽进入冷凝器冷凝成蒸馏水。蒸发器的加热部件为垂直管束，海水在竖管内加热，经自然循环而蒸发。加热蒸汽在管外（壳侧）凝结，在蒸汽空间设置三级汽水分离器：第一级为叶片式，其余两级均为迷宫式。该分离器经法国海军试验站多次试验改进后制成，分离效果很好，不仅在正常工况下能使含盐量不超过 $1\sim2mg/L$，而且在稳定的工况下，当蒸发器产量增大 5％时，淡水含盐量亦不增加。蒸发器内水位通过溢流管控制，稳定性好，避免了因给水量的突然变化而影响水质。

3. 潜艇

内燃机动力装置潜艇常采用具有双槽管升膜蒸发器的电动压汽式蒸馏装置，以生产艇上的生活用水。20 世纪 80 年代以后，开始试用反渗透式海水淡化装置。核动力潜艇除需要生产生活用水外，还要生产原子锅炉补给水。因此，既需采用电动压汽式生产生活用水，也需采用浸管式装置生产锅炉补给水。反渗透淡化装置能很好地适应船上的饮用水生产，但应用于潜艇还存在一些问题，主要是噪声过高，另外它所占据的空间较大，还比较笨重。这主要是因为潜艇用反渗透系统还需具有预热器、粗滤器、换热器以及离子交换器等设备，以改善渗透水的纯度。因此，在该种情况下反渗透淡化装置往往被电动压汽式装置所替代。但是，电动压汽式装置也有缺点：①系统中必须具有较大容量的电加热器供启动和给水温度过低时加热或预热海水之用；②电动压汽机为高速回转机械，价格高，维修工作量也较大；③因蒸发温度较高，给水倍率较小，极易结垢，使用这种设备，必须有简便可靠的防垢、清垢措施，电动压汽式蒸馏装置的正常运行温度为 107℃，因此结垢速度快。目前，美国海军已对其做了改进：用离心式压缩机替代容积式压缩机；设有柠檬酸自动清洗管路和自动给水化学处理系统。这种装置的海水被引至垂直双槽管内，经下降管自然循环加热，在稍高于大气压的 102℃时蒸发，产生的蒸汽通过网式分离器除去水滴后，进入电动压汽机进行压缩，将温度提高至 106～107℃，然后进入管束壳侧作为加热介质使海水蒸发，而自身在管外冷凝。在这种形式的装置中，蒸汽潜热全部被利用，热经济性相当高，是其他形式无法比拟的。为控制蒸馏器内盐水的浓度，蒸发器的海水给水量一般控制在蒸发量的 2 倍，而将多余的盐水排掉。由于排出的蒸馏水和盐水的温度均较高，通常采用换热器回收余热以加热给水。尽管如此，仍有一部分热量被蒸馏水和排放的盐水带走。因此，装置系统中设立了电加热器，以补偿这种热损失。

7.2.3　船用海水淡化装置的比较

1. 闪蒸式和浸管式的比较

船用闪蒸式海水淡化装置的工作原理是采用强制循环使热盐水流经若干个压力逐渐降低的闪蒸室，逐级蒸发和冷凝、逐级降温，冷凝水为产品水，浓缩海水则直接排至舷外。蒸馏装置设计的关键是如何解决结垢问题。由此而引出闪蒸式和低温蒸发。由于闪蒸式装置的给水加热和蒸发是分别在给水加热器和无换热面的"蒸发室"内进行，且蒸发器内盐水浓度低、换热面热负荷小，与浸管式相比，在相同蒸发温度下，结垢程度轻得多。此外，闪蒸装置的制水经济性取决于可能有的级数和各级压降，而级数和最大压降又取决于流出给水加热器的给水温度。船上一般为两级，多则四级，其给水倍率一般为 10，而浸管式的给水倍率不大于 3。因此，双级蒸发式的热经济性不及双效浸管式。其最大缺点是蒸发效率低，体积大，最大优点是结垢缓慢，除垢周期长。为减轻结垢，这两种装置通常均采用低温蒸发。尽管如此，仍有轻微结垢，其给水还需化学处理，目前行之有效的是在给水中注入微量阻垢剂，以最大限度地减少清洗次数。

2. 热力压缩式、电动压汽式及单效浸管式的比较

这两种压汽式蒸馏装置一般采用垂直管升膜蒸发器，但后者总的传热系数比前者提高了 5 倍，可达 $4067W/(m^2 \cdot K)$，而前者仅为 $697W/(m^2 \cdot K)$。以热力压缩器取代电动压汽机，质量减轻约 50%，可免除维修，提高运行可

靠性，大大降低造价。与单效浸管式相比，热力压汽式大约仅消耗其热量的50%，因此，冷凝换热面大为减少。例如 4.6m³/d（1200 加仑/d）的热力压缩式蒸馏装置的尺寸与同容量的浸管式相同，但质量减轻了 20%。

3. 渗透淡化装置和其他淡化装置的比较

蒸馏海水淡化装置可采用主机柴油机缸套水的废热作为加热热源，产水品质高，成品水的含盐量可以达到 6mg/L 以下，可以用作锅炉补给水；海水进水一般不需要预处理，维修保养方便。但是，当船只在停泊作业时，由于柴油机减负荷工作，可利用的缸套废热不够，因此装置无法正常制水，不利于船舶在海上定点作业。

反渗透海水淡化装置不受主机工作状态的影响，只要有电，不论是航行还是定点作业或停泊，随时可以制水。反渗透海水淡化装置因其具有能耗低、体积紧凑、操作上易于实现自动化控制等优点，在船舶上得到越来越广泛的应用。系统的自动化、模块化设计，可以实现无人操作，减轻船员的负担，便于管理和维护保养。因此，新造船舶或旧船上海水淡化装置的更新均倾向于选用反渗透淡化装置。反渗透膜系统产水性能受温度影响较大，温度过低会导致产水量下降。冬季在北方海域作业时海水温度低，可以利用主机柴油机缸套水的废热作为加热热源，提高反渗透海水淡化装置的进水温度，保证装置产水量。

7.2.4 船用海水淡化装置的发展

海水淡化是保证舰船所需淡水持续供给的有效方法，船用海水淡化装置形式有沉浸盘管式、压汽式、电渗析以及反渗透淡化装置。早期的船用淡化装置以蒸馏法为主，随着技术的发展，逐渐出现电渗析和反渗透淡化装置，目前船用淡化装置主要为蒸馏淡化装置和反渗透淡化装置两种类型。

与传统蒸馏式和电渗析船用海水淡化装置相比，反渗透船用海水淡化装置具有能耗低、结构简单紧凑、体积小、运行稳定可靠、维护简单、船用适应性强、不受船舶主机等设备运行状况影响和易于实现智能化操作等优点，使得反渗透海水淡化装置在船舶上的应用更具有竞争力，因而近几年发展迅速，成为船舶应用尤其是非蒸汽动力舰船应用最有前途的海水淡化装置。如果采用二级反渗透可生产含盐量小于 10mg/L 的淡水，与离子交换或电去离子电渗析集成后（集成膜技术）生产的纯水可以满足以蒸汽轮机为动力的舰船锅炉补给水的供应。

此外，从目前船用淡化装置的市场来看，各类新造船或改造船舶更倾向于选用反渗透海水淡化装置，该类装置已逐渐成为船用海水淡化装置的一种主流技术，在船舶上的应用具有非常广阔的前景。

7.3　太阳能海水淡化装置的应用及研发

7.3.1　太阳能蒸馏海水淡化装置原理

人类利用太阳能淡化海水，已经有了很长的历史。人类最早有文献记载的太阳能淡化海水的工作，是15世纪由一名阿拉伯炼丹术士实现的。这名炼丹术士使用抛光的大马士革镜进行太阳能蒸馏。世界上第一个大型的太阳能海水淡化装置，是于1872年在智利北部的Las Salinas建造的，它由许多宽1.14m、长61m的盘形蒸馏器组合而成，总面积4700m^2。在晴天条件下，它每天生产2.3万L淡水［4.9L/（m·d）］。这个系统一直运行了近40年。

人类早期利用太阳能进行海水淡化，主要是利用太阳能进行蒸馏，所以早期的太阳能海水淡化装置一般都称为太阳能蒸馏器。早期的太阳能蒸馏器由于水产量低，初期成本高，因而在很长一段时间里受到人们的冷落。第一次世界大战之后，太阳能蒸馏器再次引起了人们极大的兴趣。当时不少新装置被研制出来，比如顶棚式、倾斜幕芯式、倾斜盘式以及充气式太阳能蒸馏器等，为当时的海上救护以及人民的生活用水解决了很大问题。

太阳能蒸馏器的运行原理是利用太阳能产生热能驱动海水发生相变过程，即产生蒸发与冷凝。运行方式一般可分为直接法和间接法两大类。顾名思义，直接法系统直接利用太阳能在集热器中进行蒸馏，而间接法系统的太阳能集热器与海水蒸馏部分是分离的。但是，近20多年来，已有不少学者对直接法和间接法的混合系统进行了深入研究，并根据是否使用其他的太阳能集热器又将太阳能蒸馏系统分为主动式和被动式两大类。

1. 被动式太阳能蒸馏系统

被动式太阳能蒸馏系统的例子就是盘式太阳能蒸馏器，人们对它的应用有近150年的历史。由于它结构简单、取材方便，至今仍被广泛采用。目前对盘式太阳能蒸馏器的研究主要集中于材料的选取、各种热性能的改善以及将它与各类太阳能集热器配合使用上。目前，比较理想的盘式太阳能蒸馏器的效率约在35%，晴天时，产水量一般在3~4kg/m。如果在海水中添加浓度为172.5ppm的黑色萘胺，蒸馏水产量可以提高约30%。

2. 主动式太阳能蒸馏系统

被动式太阳能蒸馏系统的一个严重缺点是工作温度低，产水量不高，也不利于在夜间工作和利用其他余热。为此，人们提出了数十种主动式太阳能蒸馏器的设计方案，并对此进行了大量研究。

在主动式太阳能蒸馏系统中，由于配备有其他的附属设备，使其运行温度得以大幅提高，或使其内部的传热传质过程得以改善。而且，在大部分的主动式太阳能蒸馏系统中，都能主动回收蒸汽在凝结过程中释放的潜热，因而这类系统能够得到比传统的太阳能蒸馏器高一至数倍的产水量。

7.3.2 国外太阳能海水淡化装置发展状况

世界上利用太阳能海水淡化技术最多的地区集中在沙特等中东国家，大量的光照和充裕的资金是他们的优势。但技术的先进不代表技术方案同样先进：国外多采用太阳能集热器驱动多级闪蒸或低温多效系统，把原有的工业技术和太阳能技术相结合，管理起来较复杂，系统检测或控制的指标过多，一项失误都可能导致系统停运。

7.3.3 我国太阳能海水淡化装置研发进展

我国对太阳能海水淡化技术的研究也有较好的基础，在这方面做过较多工作的有中国科学院广州能源研究所和中国科学技术大学等。20世纪80年代初，广州能源研究所即开展了太阳能海水淡化技术的研究，完成了空气饱和式太阳能蒸馏器的试验研究，并于1982年左右在我国嵊泗岛建造了一个具有数百平方米太阳能采光面积的大规模的海水淡化装置，成为我国第一个实用的太阳能蒸馏系统。接着，中国科学技术大学也进行了一系列的太阳能蒸馏器的研究，并在理论上进行了探讨。对海水浓度、海水中添加染料及装置的几何尺寸等因素对海水蒸发量的影响进行了实验，给出了有益的结果。

进入20世纪90年代后，天津大学、西北工业大学、西安交通大学等也加入到了太阳能海水淡化技术研究的行列，提出了一系列新颖的太阳能海水淡化装置的实验机型，并对这些机型进行了理论和实验研究。比较有代表意义的有西北工业大学提出的"新型，高效太阳能海水淡化装置"；天津大学提出的"回收潜热的太阳能蒸馏器"；中国科学技术大学提出的"降膜蒸发气流吸附太阳能蒸馏器"等，使太阳能海水淡化技术有了较大进步。

进入21世纪之后，太阳能海水淡化技术进一步成熟。其中西安交通大学、北京理工大学等提出了"横管降膜蒸发多效回热的太阳能海水淡化系统"，试制出了多个原理样机，并对样机进行实验测试和理论研究。清华大学等在借鉴国外先进经验的基础上，对多级闪蒸技术在太阳能海水淡化领域的应用进行了探索，试制出了样机，并在我国的秦皇岛市建立了主要由太阳能驱动的实际运行系统，取得了有益的经验。

我国太阳能海水淡化技术的研究，走过了近 30 年的历史，取得了可喜的成绩。综观整个研究过程，基本可分为 3 个阶段。

第一阶段在 20 世纪 80 年代至 90 年代初期。这个阶段是我国太阳能海水淡化技术研究的起步阶段，也是我国太阳能热利用研究的起步阶段。那时，包括太阳能蒸馏器在内的许多太阳能应用技术，如太阳能干燥器、太阳能热水器、太阳能集热器、太阳房以及太阳能聚光器等都吸引了许多科学家进行研究。但由于是起步阶段，所以整个研究都处于较低水平，如对太阳能海水淡化技术的研究，基本都集中在单级盘式太阳能蒸馏器上。上面的讨论已经指出，这种蒸馏器具有取材方便、结构简单、无动力部件、建造和维修便利以及可以长期无故障运行等优势，因而受到广大用户的青睐。但这种装置由于其内部海水容量大，因而升温缓慢，致使海水蒸发动力不足，加之整个蒸馏过程中未能回收蒸汽的凝结潜热，因此系统的效率都不高，约在 35% 以下。在晴好天气下，每平方米采光面积的产淡水量在 $3.5 \sim 4.0 kg$。

第二阶段在 20 世纪 90 年代初到 90 年代末。此阶段期间，许多研究者逐步认识到了盘式太阳能蒸馏器的缺陷。在设法减少装置中海水的容量方面，采取了梯级送水、湿布芯送水以及在海水表层加海绵等方式，大大减小了装置中的海水存量，使装置中待蒸发的海水温度得到进一步提高，也使装置更快地产出淡水，延长了产水时间，提高了装置的产水效率。在回收水蒸气的凝结潜热方面，实验了多级迭盘式太阳能蒸馏器以及其他回收水蒸气潜热的太阳能蒸馏器。采取这些措施之后，装置的总效率提高到了约 50%。

第三阶段在 20 世纪 90 年代末至现在，在总结和分析了第二阶段的研究成果后，人们发现：尽管采取了许多被动强化传热传质措施，如减小装置中海水的容量、多次回收蒸汽的凝结潜热等，仍不能满足用户的要求，即太阳能蒸馏器的经济性仍然不够理想。经分析发现，装置内自然对流的传热传质模式是限制装置产水率提高的主要因素，于是研究者纷纷选择了对主动式（加有动力，如水泵或风机等）的太阳能蒸馏器的研究。此期间出现了气流吸附式、多级降膜多效回热式、多级闪蒸式等许多新颖的太阳能海水淡化装置，装置的总效率也有了较大提高。我国首个太阳能光热海水淡化示范基地在海南省建设完工，上海骄英成为国内率先开发太阳能光热海水淡化技术的能源科技有限公司。虽然太阳能海水淡化技术已较成熟，但由于材料价格昂贵，利用热法制取的淡水价格成本偏高，阻碍了研究进展和市场接受度，提高经济性、尽早建立示范工程是发展太阳能海水淡化的重要途径。

7.3.4　太阳能海水淡化案例

1. 冲绳濑户太阳能海水淡化

冲绳市濑户太阳能反渗透法海水淡化系统位于濑户离海岸较远的地带，由日立制造船有限公司于 1982 年底开始建造、1983 年 1 月开始正式运转，日产水量 15m^3，反渗透产品水经后处理成饮料水。当时尚缺乏利用太阳能发电作为反渗透装置动力源的经验，因而该系统采用了太阳能发电负担装置的一半动力电源，另一半由商用电源以蓄电池方式供电。

2. 因岛市细岛太阳能海水淡化

因岛市细岛太阳能反渗透法海水淡化系统位于因岛西北方向约 500m 的濑户内海的中央部位的小岛——细岛上。该岛面积 0.76km^2，人口约 100 人，居民以农业为主。该海水淡化系统是造水促进中心受新能源综合开发机构委托于 1985 年开始开发的。首先进行了地区选定条件的研究，基本工艺的设计，以及以气象资料为基础的发电量、造水量的模拟试验。据此在 1985—1986 年进行了系统的详细设计和制作，1986 年末完成了淡化装置的建造并进行了试运转，1987 年和 1988 年进行该系统的实际运转研究，寻求系统的最佳化，最后进行综合评价。

因岛市细岛太阳能反渗透法海水淡化系统占地面积 2500m^2。太阳能电池系列组合了单晶硅和多晶硅，总容量为 30.4kWp，其中多晶硅为 3.1kWp，其余为单晶硅。海水淡化系列设置了两级反渗透，一级反渗透生产饮料水，二级反渗透将一级的产品水进一步淡化后作为农业耕作栽培用水。

7.4　膜在海水淡化中的应用与发展分析

7.4.1　膜及膜分离技术的原理

1. 膜分离的概念

以天然或人工合成的高分子薄膜为介质，以外界能量或化学位差为推动力,对双组分或多组分溶质和溶剂进行分离、提纯和浓缩的方法称之为膜分离法。膜分离可用于液相和气相。对于液相分离,可用于水溶液体系、非水溶液体系、水溶胶体系以及含有其他微粒的水溶液体系。

2. 膜分离的基本原理

膜是具有选择性分离功能的材料,利用膜的选择性分离实现料液的不同组分的分离、纯化、浓缩的过程称作膜分离。它与传统过滤的不同在于,膜可以在分子范围内进行分离,并且这过程是一种物理过程,不需发生相的变化和添加助剂。膜的孔径一般为微米级,依据其孔径的不同(或称为截留分子量),可将膜分为微滤膜、超滤膜、纳滤膜和反渗透膜,根据材料的不同,可分为无机膜和有机膜,无机膜主要是陶瓷膜和金属膜,其过滤精度较低,选择性较小。有机膜是由高分子材料做成的,如醋酸纤维素、芳香族聚酰胺、聚醚砜、聚氟聚合物等。错流膜工艺中各种膜的分离与截留性能以膜的孔径和截留分子量来加以区别。

7.4.2　膜的分类

按膜的不同可分为固膜及液膜两大类。固膜包括气体渗透、反渗透、超滤、渗析、电渗析。液膜包括乳液液膜、固定液膜。

(1)气体渗透的推动力为分压差,常应用于空气中氧气的分离、富集。

(2)反渗透的推动力为压力差(1~10MPa),应用于海水淡化、番茄汁、西番莲汁、蔬菜汁、鸡蛋白、糖浆等浓缩,从酒中除去酒精,生产去离子无菌水,食品厂废水处理等。

(3)超滤的推动力也是压力差,压力为 0.1~1MPa,应用于高分子化合物、胶体溶液或气溶胶的分离以及液体的提纯、澄清和浓缩。其有效分离范围是 0.0015~0.2μm,截留相对分子质量为 500~3000000,在这个范围内,几乎包括了食品的全部有效组分和营养物质在内。用超滤法浓缩果胶可以减少沉淀剂酒精的用量,果胶纯度高,成本也较低。超滤法澄清的果汁质量好,成本低。超滤得到的米酒、黄酒、清酒,透明度好,可延长储藏期。

(4)渗析的推动力为浓度差,应用于造纸工业碱的回收。人工肾也是基于渗析的原理制成的。

(5)电渗析的推动力为电位差,应用于海水淡化、高纯水的制备等。电渗析主要用于软饮料和啤酒厂生产软化水,乳清脱盐,回收乳糖、蛋白质脂肪、乳酸和维生素等物质,并能置换出葡萄糖中的部分酒石酸,以防止结晶析出。

7.4.3 膜在海水淡化领域的应用

反渗透法海水淡化与蒸馏法对比，膜法海水淡化只能利用电能，蒸馏法海水淡化利用热能和电能，因此反渗透淡化适合有电源的场合，蒸馏法适合有热源或电源的各种场合。但是随着反渗透膜性能的提高和能量回收装置的问世，其吨水耗电量逐渐降低。反渗透海水淡化经一次脱盐，能生产相当于自来水水质的淡化水。虽然蒸馏法海水淡化水质较高，但反渗透技术仍具有较强的自身优势，如应用范围广、规模可大可小、建设周期短等，不但可在陆地上建设，还适于在车辆、舰船、海上石油钻台、岛屿、野外等处使用。

反渗透系统需要较好的预处理，才能保证出水水质。在海水淡化领域中，预处理是保证反渗透系统长期稳定运行的关键。由于海水中的硬度、总固体溶解物和其他杂质的含量均较高，在运行过程中，反渗透系统对于浊度、pH值、温度、硬度和化学物质等因素较为敏感，所以对进水的要求相对较高，如果进水水质差，产水率就非常低。因此，海水在进入反渗透膜装置之前必须进行预处理。

第 8 章

海水淡化水水质特征和风险分析

随着淡水资源的日益紧缺，海水淡化技术的应用越来越多，但是淡化海水作为一种新型水资源在解决水资源短缺的同时，也带来了一些问题。例如，淡化海水碱度硬度低、氯很高，尤其对未作预处理的铸铁输水管线和使用设备有着严重的腐蚀损害。为了避免淡化海水腐蚀输水管线和设备，常向其中加入含有磷和锌等元素的缓解腐蚀的药剂，如果淡化海水输入市政管线，将大大增加淡化海水的健康风险等。

低温多效蒸馏技术和反渗透技术是两种相对成熟且应用广泛的海水淡化技术。本研究以这两种典型工艺为例，分别采集天津某海水淡化厂经过低温多效蒸馏技术处理后的淡化水和青岛某海水淡化厂经过反渗透技术处理后的淡化水，对其进行全方位的水质指标检测，分析不同工艺对海水淡化处理的效果，分析其淡化水作为饮用水及工业用水的可能性，采用健康风险评价数学模型评价淡化水中有害物质可能产生的健康风险，旨在为不同海水淡化技术的选择及解决海水淡化工艺中还存在的问题提供科学依据。

8.1 海水淡化工艺效果

8.1.1 去盐效果

低温多效蒸馏与反渗透法海水淡化工艺去盐效果比较见表 8-1。

表 8-1　　低温多效蒸馏与反渗透法海水淡化工艺去盐效果比较　　单位：mg/L

水质参数	反渗透（青岛某海水淡化厂）					低温多效蒸馏（天津某海水淡化厂）		
	海水	一级反渗透	二级反渗透	淡化水	去除率	海水	淡化水	去除率
钠	10781.1	151.403	1.8598	0.2773	99.997%	9711.5	1.2021	99.988%
钾	392.8	6.406	0.0664	0.0083	99.998%	320.8	0.0076	99.998%
镁	1089.9	3.437	0.0917	0.0306	99.997%	963.8	0.0444	99.995%
钙	421.7	4.651	2.7589	2.4515	99.419%	499.6	2.0742	99.585%
氟	48.4	0.0011	0.0007	0.0384	99.921%	8.2	0.0019	99.977%
氯	20206.8	269.432	1.899	0.3597	99.998%	15641.1	0.575	99.996%
硫酸根	2309.8	6.9305	0.1876	0.0545	99.998%	1778.3	0.4301	99.976%
硝酸根	2.6	0.0014	0.0012	0.0009	99.965%	3.1	0.0003	99.990%
碳酸根	39.234	9.125	5.435	3.827	90.246%	33.845	4.657	86.240%
硼	4.107	0.91	0.089	0.087	97.882%	3.42	0.37	89.181%

　　考虑到两种不同工艺的海水淡化厂的海水水源不同，因此在比较海水淡化工艺去盐效果时，本研究引入了去除率的概念，即最终淡化水中阴阳离子在海水源水中的比例。

　　从表 8-1 可以很清晰地看到，反渗透法和低温多效蒸馏，对于阳离子钠、钾、镁及阴离子氟、氯、硫酸根、硝酸根的处理效果非常好，去除率均能达到 99.9% 以上，而对于钙的去除率则分别只有 99.419% 和 99.585%。而反渗透法对于碳酸根的去除率比低温多效蒸馏法要高 4 个百分点。

　　值得注意的是，不管是反渗透法还是低温多效蒸馏，对于硼元素的去除率都不理想。一级反渗透后的淡化水含硼量为 0.91mg/L，而低温多效蒸馏后的淡化水含硼量为 0.37 mg/L。而针对这一状况，近几年膜厂家纷纷开发高脱硼膜，如海德能的 SWC 3+、SWC 4+、SWC 5 和 ESPAB 膜，陶氏的 W 30HR 和 SW 30HRLE 膜，及东丽的 TM 820A 膜，脱硼率都在 91% 以上，最高可达 96%。采用二级反渗透，通过提高二级给水的 pH 也可控制硼的脱除率。本研究中，二级反渗透后的淡化水硼含量的去除率达到了 97.882%，效果非常理想，而低温多效蒸馏的淡化水如果想要提高硼的脱除率还需要增加相应的后续处理工艺。

8.1.2　重金属去除效果

　　在本研究中，由于采样地区青岛位于黄海附近而天津位于渤海附近，海水水质存在一定差异，因此对去除率的计算更具科学意义。青岛某海水淡化厂主要采用了两级反渗透膜进行处理，与天津某海水淡化厂采用的低温多效蒸馏技术相比，对于海水中的金属离子的去除效果较好，去除率较高，常规监测的金属元素（钒、铬、锰、铁、镍、铜、锌、砷、铅、镉、钡）的去除率在 55.91%～100%。但是，在青岛某海水淡化厂的第二个工艺段的出水部分金属元素的浓度高于第一个工艺段的出水，主要包括铝、锰、铁、铜、锌、硒等必需元素。青岛某海水淡化厂的反渗透膜工艺流程中，在第二个工艺段加入了一些金属离子防止管线腐蚀所采取的人为干预措施，可能会提高进水的特定金属元素的浓度，但是值得引起注意的是在第二个工艺处理段，出水中铝浓度显著增加。

　　反渗透膜技术在处理汞的过程中容易造成残留，去除率仅为 38.78%，而低温多效蒸馏技术中淡化水并未检出汞，这可能是由于不同区域的海水所受的污染程度不同，因此导致两种处理工艺的结果有差异。而在低温多效蒸馏处理过程中，铍和铬淡化水的浓度反而高于海水中的浓度，但是其结果接近检出限，与《生活饮用水卫生标准》（GB 5749—2006）对比后，并未超过标准限值。

低温多效蒸馏与反渗透法海水淡化技术金属指标的比较见表8-2。

表8-2　　　低温多效蒸馏与反渗透法海水淡化技术金属指标的比较　　单位：μg/L

序号	水质参数	反渗透（青岛某海水淡化厂）					低温多效蒸馏（天津某海水淡化厂）		
		海水	处理1	处理2	淡化水	去除率	海水	淡化水	去除率
1	锂	20.533	2.065	0.088	0.045	99.78%	37.943	0.114	99.70%
2	铍	0.001	0.010	0.002	0.001	25.00%	0.0	0.1	−106.06%
3	铝	未检出	未检出	337.761	未检出	—			
4	钒	2.608	0.070	0.051	0.007	99.75%	18.785	5.431	71.09%
5	铬	0.776	0.094	0.063	0.045	94.15%	0.926	1.140	−23.11%
6	锰	2.581	0.311	0.945	0.182	92.95%	3.100	0.249	91.97%
7	铁	1.836	0.204	2.927	0.810	55.91%	—	—	—
8	钴	0.157	0.012	0.011	0.011	92.71%	0.982	0.012	98.78%
9	镍	0.803	0.314	0.094	0.123	84.73%	33.553	0.167	99.50%
10	铜	2.138	0.013	0.126	未检出	—	23.373	0.404	98.27%
11	锌	0.014	0.490	0.714	0.997		2.082	1.845	11.38%
12	镓	0.004	0.003	0.055	未检出	—	0.321	0.068	78.82%
13	砷	1.405	未检出	未检出	未检出	—	22.659	1.379	93.91%
14	硒	未检出	0.090	0.218	0.080	—	—	—	—
15	铷	56.890	1.900	0.023	0.026	99.95%	—	—	—
16	镉	未检出	未检出	未检出	未检出	—	0.069	0.024	65.22%
17	钡	12.839	未检出	未检出	未检出	—	—	—	—
18	铊	未检出	0.005	未检出	未检出	—	0.014	0.006	57.14%
19	铝	未检出	未检出	未检出	未检出	—	0.020	0.012	40.00%
20	汞	0.018	0.015	0.011	0.011	38.78%	未检出	未检出	—

8.1.3　其他指标去除效果

低温多效蒸馏与反渗透法海水淡化工艺其他指标去除效果比较见表8-3。

从表8-3可以分析出，两种处理工艺在对非常规的其他毒理指标的去除效果各有优劣。对于氰化物指标，反渗透法的处理效果非常理想，可以完全

表 8 - 3　　低温多效蒸馏与反渗透法海水淡化工艺其他指标去除效果比较

单位：mg/L

水质参数	反渗透（青岛某海水淡化厂）					低温多效蒸馏（天津某海水淡化厂）		
	海水	一级反渗透	二级反渗透	淡化水	去除率	海水	淡化水	去除率
氰化物	0.03385	0.00507	0.00297	未检出	100.000%	未检出	未检出	—
氨氮	0.147	未检出	未检出	未检出	100.000%	0.152	0.041	73.026%
化学需氧量	4.8	0.56	0.32	0.28	94.167%	4.75	0.74	84.421%
总有机碳	0.754	0.67	0.433	0.405	46.286%	2.305	1.409	38.872%
1,2-二氯乙烷	未检出	未检出	未检出	未检出	—	0.00013	未检出	100.000%
苯并 [a] 芘	未检出	未检出	未检出	未检出	—	0.0000103	未检出	100.000%
苯	0.00007	0.00007	0.00007	0.00006	14.286%	0.00006	未检出	100.000%
甲苯	0.00015	0.00015	0.00015	0.00015	—	未检出	未检出	—
二甲苯	0.00041	未检出	未检出	未检出	100.000%	未检出	未检出	—
三氯甲烷	0.00008	0.00007	0.00008	0.00008	—	0.00008	未检出	100.000%
三溴甲烷	0.0158	0.00422	0.00104	0.00066	95.823%	未检出	未检出	—

去除，而低温多效蒸馏法因为源水不含氰化物，所以无法评价。对于氨氮指标，反渗透法的处理效果非常理想，可以完全去除，而低温多效蒸馏法的去除率只有 73.026%，这可能是因为氨氮易挥发，比水的沸点更低。对于化学需氧量，反渗透法的去除率能达到 94.167%，低温多效蒸馏法的去除率只有 84.421%，这可能是因为耗氧物质大部分是氨氮、挥发性有机化合物之类的易挥发物质。对于总有机碳，两种方法的去除率都很不理想，分别为 46.286% 和 38.872%，因为总有机碳是一个总量指标，对其的分析不易讨论。对于有机物指标，反渗透法对于苯、甲苯这类的芳香烃基本无法去除，当海水源水发生芳香烃污染时必须提防其淡化水中这类物质的含量，而低温多效蒸馏法可以有效地去除二氯乙烷、苯并 [a] 芘、苯及三氯甲烷之类的有机物，其去除效率达到了 100%。

8.2　海水淡化水工业用水水质安全评价

工业用水质量标准基本项目标准限值见表 8 - 4，淡化水出水指标见表 8 - 5。

表8-4　　　　　　　　　　**工业用水质量标准基本项目标准限值**　　　　单位：mg/L

序号	基本项目	标准限值	序号	基本项目	标准限值
1	臭和味	无异臭、异味	22	总镉≤	0.005
2	色度（铂钴色度单位）≤	15	23	铬（六价）≤	0.05
3	浊度（NTU）≤	2	24	总铅≤	0.05
4	悬浮物≤	5	25	铁≤	0.3
5	pH	6.5~8.5	26	锰≤	0.1
6	总硬度（以碳酸钙计）≤	450	27	硫酸根≤	250
7	总碱度（以碳酸钙计）≤	350	28	磷酸根≤	10
8	溶解氧≥	3	29	硝酸根（以N计）≤	20
9	化学需氧量（以O_2计）≤	10	30	氯化物≤	250
10	五日生物需氧量≤	6	31	碳酸根≤	100
11	氨氮（以N计）≤	1.5	32	硫化氢≤	1
12	总磷（以P计）≤	0.3	33	余氯≤	10
13	总氮（以N计）≤	1.5	34	挥发酚≤	0.01
14	氟化物≤	1.2	35	石油类≤	0.5
15	氰化物≤	0.05	36	阴离子表面活性剂≤	0.3
16	硫化物≤	0.5	37	总溶解固体值≤	1500
17	铜≤	1	38	二氧化硅≤	20
18	锌≤	2	39	相对碱度≤	0.2
19	硒≤	0.02	40	粪大肠菌群（个/mL）≤	20000
20	总砷≤	0.1	41	总大肠菌群/（CFU/100mL）≤	10
21	总汞≤	0.001			

表8-5　　　　　　　　　　**淡 化 水 出 水 指 标**　　　　　　单位：mg/L

一般化学指标	限　值	天津某海水淡化厂出水	青岛某海水淡化厂出水
臭和味	无异臭、异味	未检出	未检出
色度	15	1	1
浊度（NTU）	2	1.79	1.74
悬浮物	5	3.429	2.674
pH	6.5~8.5	8.11	8.48
总硬度	450	5.38	6.26
总碱度	350	4.657	3.827
溶解氧	>3	8.6	8.8

续表

一般化学指标	限　值	天津某海水淡化厂出水	青岛某海水淡化厂出水
化学需氧量	10	0.74	0.28
生物需氧量	6	—	—
氨氮	1.5	未检出	0.041
总磷	0.3	未检出	未检出
总氮	1.5	0.0003	0.0009
氟化物	1.2	0.0019	0.0011
氰化物	0.05	未检出	未检出
硫化物	0.5	未检出	未检出
铜	1	0.0004	<0.00008
锌	2	0.0019	0.001
硒	0.02	—	<0.0004
总砷	0.1	0.0014	<0.0001
总汞	0.001	<0.00001	0.00001
总镉	0.005	<0.00005	<0.00005
六价铬	0.05	未检出	未检出
总铅	0.05	未检出	未检出
铁	0.3	—	0.0008
锰	0.1	0.0003	0.0002
硫酸根	250	0.4301	0.0545
磷酸根	10	未检出	未检出
硝酸根	20	0.0003	0.0009
氯化物	250	0.575	0.3597
碳酸根	100	5.38	6.26
硫化氢	1	未检出	未检出
余氯	10	未检出	未检出
挥发酚	0.01	未检出	未检出
石油类	0.5	—	—
阴离子表面活性剂	0.3	未检出	未检出
总溶解固体	1500	23.36579	11.93895
二氧化硅	20	未检出	未检出
相对碱度	0.2	—	—
粪大肠菌群	20000 个/mL		
总大肠菌群	10CFU/100mL		

由表8-4及表8-5不难看出，无论是反渗透法还是低温多效蒸馏法的淡化出水作为工业用水水源是完全合格的，唯一需要注意的是淡化水是软水，硬度、碱度、pH都较低，基本不具有缓冲能力，有溶解管道内壁的保护性垢层的倾向。工业管网多为铸铁管和钢管，进入管网前需对淡化水进行水质稳定处理，以控制水的腐蚀性，使之与管网兼容。不过，腐蚀性并非淡化水所独有，由于给水腐蚀管网而导致供水水质污染，色度、铁含量增加的现象也较常见。稳定淡化水水质可以通过调节 pH 和提高碱度、硬度达到，淡化中称此为再矿化。再矿化可增加水的缓冲能力，改善碳酸盐平衡，增大保护性碳酸钙垢层在管道内壁沉积和压缩的倾向，有效降低水的腐蚀性，减小铁等金属离子的释放，以达到稳定水质的目的。碱度和硬度一般至少都要控制在40mg/L（以碳酸钙计）以上。

8.3 海水淡化水饮用水安全水质评价

根据《生活饮用水卫生标准》（GB 5749—2006）的限值，海水淡化厂淡化出水进入市政管线前，首先对主要的水质常规指标中的毒理指标进行检测，结果表明，经过海水淡化后，尽管天津某海水淡化厂和青岛某海水淡化厂的出水各元素浓度存在一定差距，但是两个海水淡化厂的出水各元素的浓度均小于该标准水质常规指标中规定的毒理指标的标准限值（表8-6）。

表 8-6　　　　生活饮用水卫生标准中水质常规指标及限值

指　　标	限值	天津某海水淡化厂出水	青岛某海水淡化厂出水
1. 微生物指标			
总大肠菌群（MPN/100mL 或 CFU/100mL）	不得检出	未检出	未检出
耐热大肠菌群（MPN/100mL 或 CFU/100mL）	不得检出	未检出	未检出
大肠埃希氏菌（MPN/100mL 或 CFU/100mL）	不得检出	未检出	未检出
菌落总数/(CFU/mL)	100	未检出	未检出
2. 毒理指标			
砷/(mg/L)	0.01	0.0014	<0.0001
镉/(mg/L)	0.005	<0.00005	<0.00005
铬/(六价，mg/L)	0.05	未检出	未检出
铅/(mg/L)	0.01	<0.00009	<0.00009
汞/(mg/L)	0.001	<0.00001	0.00001

续表

指　标	限值	天津某海水淡化厂出水	青岛某海水淡化厂出水
硒/(mg/L)	0.01	—	0.0001
氰化物/(mg/L)	0.05	未检出	未检出
氟化物/(mg/L)	1	0.0019	0.0384
硝酸盐/(以 N 计，mg/L)	10	0.0003	0.0009
三氯甲烷/(mg/L)	0.06	未检出	0.00008
四氯化碳/(mg/L)	0.002	未检出	未检出
溴酸盐/(使用臭氧时，mg/L)	0.01	未检出	未检出
甲醛/(使用臭氧时，mg/L)	0.9	未检出	未检出
亚氯酸盐/(使用二氧化氯消毒时，mg/L)	0.7	未检出	未检出
氯酸盐/(使用复合二氧化氯消毒时，mg/L)	0.7	未检出	未检出
3. 感官性状和一般化学指标			
色度/(铂钴色度单位)	15	1	1
浑浊度/(NTU -散射浊度单位)	1	1.79	1.74
臭和味	无异臭、异味	未检出	未检出
肉眼可见物	无	未检出	未检出
pH	≥6.5 且 ≤8.5	8.27	8.48
铝/(mg/L)	0.2	—	<0.001
铁/(mg/L)	0.3	—	0.0008
锰/(mg/L)	0.1	0.0003	0.0002
铜/(mg/L)	1	0.0004	<0.00008
锌/(mg/L)	1	0.0019	0.001
氯化物/(mg/L)	250	0.575	0.3597
硫酸盐/(mg/L)	250	0.4301	0.0545
溶解性总固体/(mg/L)	1000	23.36579	11.93895
总硬度/(以 CaCO$_3$计，mg/L)	450	5.38	6.26
耗氧量/(COD$_{Mn}$法，以 O$_2$计，mg/L)	3	0.74	0.28
挥发酚类/(以苯酚计，mg/L)	0.002	未检出	未检出
阴离子合成洗涤剂/(mg/L)	0.3	未检出	未检出
4. 放射性指标	指导值	未检出	未检出
总 α 放射性/(Bq/L)	0.5	未检出	未检出
总 β 放射性/(Bq/L)	1	未检出	未检出

根据 GB 5749—2006 的一般化学指标部分的限值可知，天津某海水淡化厂和青岛某海水淡化厂淡化出水除了浊度外，其他一般化学指标（金属）均小于标准限值。

氟是人体必需的微量元素之一，缺乏氟元素容易患龋齿病，但是氟元素过量可能导致中毒。经过蒸馏后的淡化水基本上不含氟，反渗透处理的淡化水含量特别低，长期饮用可能增加患龋齿病的概率。WHO 规定饮用水中氟的限值为 1.5mg/L，并强调各国应根据本国的实际情况，结合气候变化、饮水摄入量和其他途径摄入氟化物的量来设定标准限值。我国 GB 5749—2006 没有给出下限值，只规定氟的上限值为 1.0mg/L。将海水淡化水作为饮用水使用时是否需要加氟处理，或者设定氟的最低限值以达到预防人群龋齿发生的目的，需要结合饮水地区的实际情况来考虑，如饮水地区龋齿患病风险的高低，通过其他途径摄入氟化物的水平，以及饮用水的摄入量等问题。有研究认为，对于发展中国家来说，公众对于龋齿的知晓率可能较低，主动预防的措施可能较少，设定饮用水中氟化物水平在 0.5～1.0mg/L 是一个比较适宜的限值。

根据 GB 5749—2006 对于水质非常规指标的限值标准可知，天津某海水淡化厂淡化出水检测指标均在要求的检出限以上，但是均低于该标准中的限值；青岛某海水淡化厂出水检测指标中，除了银、苯、甲苯、三氯甲烷、三溴甲烷的浓度高于方法检出限外，其他元素均低于要求的检出限，也低于 GB 5749—2006 的标准限值。

钙镁离子是维持人体正常生理功能所必需的矿物质，海水中含量也很高，但经过淡化处理浓度显著下降，尤其是蒸馏法获得的淡化水矿物质含量极低，渗透膜对二价离子去除率很高，淡化水中钙镁离子含量很低。世界卫生组织专家认为，世界上很多国家人群钙镁摄入不足，尤其在发展中国家和女性群体中更为明显。大量流行病学研究表明水的硬度尤其是镁的含量，与心血管疾病呈负相关关系。有关城市女性健康状况与饮用水硬度关系的研究显示，水中镁离子的浓度高于 10mg/L，钙离子浓度高于 20mg/L 时，其对心血管疾病的抑制作用更加明显。也有研究表明，使用矿物质含量低的水烹饪食物会增加食物中必需矿物质元素的损失，长期食用会对健康造成不良影响。

8.4 海水淡化水饮用健康风险评价

8.4.1 健康风险评价方法

健康风险评价（Health Risk Assessment，HRA）是通过估算有害因子对人体产生不良影响发生的概率，从而来评价该有害因子对人体健康产生威胁的风险（US NRC）。目前健康风险评价已成为环境风险评价的重要组成部分。我国的风险评价研究起步较晚，主要是通过应用国外提出的健康风险评价模型对水环境进行评价。近几年，我国学者利用美国环境保护署（EPA）推荐的环境风险评价模型对不同类型水体中重金属污染进行了初步健康风险评价。在整个健康风险评价的过程中，不确定性贯穿于整个评价过程。因此，在风险评价过程中，要综合运用各种技术手段来推理判断，以尽可能多地获得数据和资料，从而减少不确定性。

随着淡水资源的日益紧缺，海水淡化技术的应用越来越多。低温多效蒸馏技术和反渗透技术是两种相对成熟且应用广泛的海水淡化技术，不同海水淡化技术处理后淡化水水质的好坏直接影响到人体健康。本研究以这两种典型技术为例，分别采集天津某海水淡化厂经过低温多效蒸馏技术处理后的淡化水和青岛某海水淡化厂经过反渗透技术处理后的淡化水，采用EPA推荐的健康风险评价数学模型评价污染物质铬、锰、钴、镍、铜、锌、镉、砷、铅、汞、锑、氰化物、氨氮、挥发酚、氟化物、硝酸盐及有机物产生的健康风险，旨在评价海水淡化水作为饮用水水源可能会导致的健康风险。

8.4.2　健康风险评价模型

水环境中的有毒有害污染物一般可以分为两类：躯体毒物质和基因毒物质。其中躯体毒物质包括非致癌物，基因毒性物质包括放射性污染物和化学致癌物。在本研究中由于水样中的放射性污染物浓度极低，故在对基因毒物质进行健康风险评价时忽略该类污染物。有毒有害物质主要通过三种途径：直接接触、摄入水体中的食物以及饮水对人体产生危害。由于人体主要通过消化道方式摄入重金属，因此本研究中主要考虑饮水这一重要暴露途径。

当前不同国家和组织对健康风险评价的方法和数学模型并非完全相同，然而原理基本一致。本文采用美国EPA推荐的健康风险评价模型对重金属污染物通过饮水途径对人体健康产生的危害进行评价。该模型包括基因毒性物质评价模型和躯体毒物质评价模型，即对研究的金属分别进行致癌风险评价和非致癌评价。在本研究中选取了11种金属元素、氨氮、氟化物、硝酸盐和四种有机物甲苯、苯、三氯甲烷和二氯甲烷进行健康风险评价，其中：铅、锌、铜、锰、锑、镍、汞、硒、氨氮、氟化物、硝酸盐、甲苯、苯是非致癌物质；镉、砷、铬、三氯甲烷和二氯甲烷具有致癌效应。下面分别对这两种模型进行介绍。

1. 化学致癌物健康风险评价模型

$$R^c = \sum_{j=1}^{j} R_j^c$$

$$R_j^c = \frac{[1 - \exp(-D_j q_j)]}{Y}$$

$$D_j = \frac{Q_i C_j}{W_i}$$

式中：R^c 为各种化学致癌物通过饮水途径所产生的平均个人致癌年风险总和；R_j^c 为化学致癌物 j 通过饮水途径所产生的平均个人致癌年风险，a^{-1}；q_j 是化学污染物 j 通过饮水途径的致癌系数，mg/(kg·d)；D_j 为化学致癌物 j 通过饮水途径所产生的单位体质量日均暴露剂量，mg/(kg·d)；Y 为个人寿命，Q_i 为敏感人群的日平均饮水量；C_j 为水中化学致癌物的 j 的质量浓度，mg/L；W_i 为敏感人群的体重。

2. 躯体毒性物质非致癌健康风险评价模型

$$R^n = \sum_{k=1}^{k} R_k^n$$

$$R_k^n = \frac{(D_k/RfD_k) \times 10^{-6}}{Y}$$

$$D_k = \frac{Q_i \times C_k}{W_i}$$

式中：R^n 为各种躯体毒物质通过饮水途径所产生的平均个人致癌年风险总和；R_k^n 为躯体毒物质 k 通过饮水途径所产生的平均个人致癌年风险，a^{-1}；RfD_k 为躯体毒物质 k 通过饮水途径的参考剂量，mg/(kg·d)。

目前对于饮用水中各有毒物质所引起的整体健康风险，通常假设各有毒物质对人体健康危害的毒性作用呈相加关系而不是协同或拮抗关系，则饮用水总的健康危害风险 R 为致癌风险和非致癌风险之和，即

$$R = R^c + R^n$$

3. 健康风险评价模型参数的确定

根据国际癌症研究机构（IARC）和世界卫生组织（WHO）编制的分类系统，致癌物质的致癌强度系数 Q 和非致癌物质的参考剂量 RfD 见表 8-7。风险评价模型的健康危害参数见表 8-8。不同组织规定的最大可接受和可忽略风险水平见表 8-9。

表 8-7　　　　　　　　饮水途径模型 *Q* 和 *RfD* 值

致癌物质	Q /(mg·kg^{-1}·d^{-1})	非化学致癌物	RfD /(mg·kg^{-1}·d^{-1})
镉	6.1	铅	$1.4×10^{-3}$
砷	15	锌	0.3
铬	41	铜	$5×10^{-3}$
三氯甲烷	0.046	锰	0.02
二氯甲烷	0.002	锑	$4×10^{-4}$
		镍	0.02
		汞	$4×10^{-4}$
		硒	0.01
		氨氮	0.970
		氟化物	0.060
		硝酸盐	1.600
		甲苯	0.080
		苯	0.004

表 8-8　　　　　　　风险评价模型的健康危害参数

参数	参　考　值	参 考 文 献
Y	75.76a	中国统计年鉴（2012）
Q	1.0 L/d$_i$；2.0 L/d$_{ii}$；3.2 L/d$_{iii}$；2.7 L/d$_{iv}$	Duan et al. 2010
W	18.9 kg；44.4 kg；63.1 kg；62.2kg	国民体质监测公报（2010）

表 8-9　　　　　不同组织规定的最大可接受和可忽略风险水平

机　　构	最大可接受风险水平/a^{-1}	可忽略风险水平/a^{-1}	备注
美国环境保护署	$1×10^{-4}$	—	—
国际辐射防护委员会（ICRP）	$5×10^{-5}$	—	辐射
新西兰环境保护部	$1×10^{-6}$	$1×10^{-8}$	化学污染物
瑞典环境保护部	$1×10^{-6}$	—	化学污染物

8.4.3　健康风险评价结果

在健康风险评价过程中假设淡化后的海水主要用于饮用水供应，主要考虑饮水摄入这一暴露途径。本研究考虑了四种敏感人群：幼儿、青年、成人和老人。饮用水中各种有毒物质所引起的总健康风险，假设所有有毒物质之间的毒性呈加和作用，而非协同或拮抗。研究中天津某海水淡化厂、青岛某海水淡化厂出水饮水途径的健康风险如图 8-10～图 8-13 所示。

1. 非致癌物质健康风险评价结果

本研究中非致癌物质为铅、锌、铜、锰、锑、汞、镍、氨氮、硝酸盐、氟化物、苯和甲苯，由于天津某海水淡化厂出水中汞、硝酸盐、苯和甲苯未检出，因此不考虑其产生的非健康风险。表 8-10 列出了天津某海水淡化厂出水水样中这 8 种物质引起的总非致癌风险，从表中可以看出，这 8 种非致癌物质引起的平均个人年健康风险从大到小的排列顺序为锑＞铜＞铅＞镍＞锰＞锌＞氨氮＞氟化物。其中，除了锑，其他物质产生的非致癌风险很小，尚未达到新西兰和瑞典环境保护部规定的可忽略水平，这说明几种物质引起的非致癌风险可以忽略。锑引起的非致癌健康风险最大，在四个年龄段产生的非致癌风险依次为 $2.48 \times 10^{-8} a^{-1}$、$2.11 \times 10^{-8} a^{-1}$、$2.38 \times 10^{-8} a^{-1}$、$2.03 \times 10^{-8} a^{-1}$，占该区域总风险的 99.7%。其中，毒性物质对幼儿时期产生的非致癌风险最大。总体来说，在天津某海水淡化厂出水中 8 种毒性物质对四种敏感人群产生的总非致癌风险依次是 $2.49 \times 10^{-8} a^{-1}$、$2.12 \times 10^{-8} a^{-1}$、$2.38 \times 10^{-8} a^{-1}$、$2.04 \times 10^{-8} a^{-1}$，这些风险值略大于新西兰环境保护部规定的可忽略水平，但都在各个机构规定的最大风险容许值范围内。

青岛某海水淡化厂出水水样中非致癌物质经饮水途径引起的总非致癌风险见表 8-11。青岛某海水淡化后出水中由于 Pb、Cu 和氨氮未检出，因此只考虑其他 9 种毒性物质引起的非致癌风险。从表 8-10 中可以看出，9 种物质产生的非致癌风险的顺序依次为 Hg ＞Se ＞Mn＞Ni ＞Zn ＞氟化物＞苯＞甲苯＞硝酸盐，且这 9 种物质对各个人群产生的非致癌风险均小于可忽略水平。其中，有机物甲苯和苯产生的非致癌风险比无机物低 1～4 个数量级。总体来说，6 种非致癌物质对 4 种敏感人群产生的非致癌风险依次为 $4.35 \times 10^{-11} a^{-1}$、$3.71 \times 10^{-11} a^{-1}$、$4.17 \times 10^{-11} a^{-1}$、$3.57 \times 10^{-11} a^{-1}$，均低于天津某海水淡化处理后出水产生的非健康风险，且非致癌风险可以忽略。

从上述讨论中可以看出，天津某海水淡化厂出水中毒性物质产生的非致癌健康风险在可接受范围内，青岛某海水淡化厂出水中毒性物质产生的非致癌健康风险很小，均可忽略，不会对人体产生明显危害，且有机物产生的风险远小于无机物。

表 8 – 10　　**天津某海水淡化厂出水非致癌物质饮水途径的健康风险**　　单位：a^{-1}

非致癌物质	婴幼儿	青年	成人	老人
铅	5.99×10^{-12}	5.10×10^{-12}	5.74×10^{-12}	4.91×10^{-12}
锌	4.30×10^{-12}	3.66×10^{-12}	4.12×10^{-12}	3.52×10^{-12}
铜	5.64×10^{-11}	4.80×10^{-11}	5.41×10^{-11}	4.63×10^{-11}
锰	8.69×10^{-12}	7.40×10^{-12}	8.33×10^{-12}	7.13×10^{-12}
锑	2.48×10^{-8}	2.11×10^{-8}	2.38×10^{-8}	2.03×10^{-8}
镍	5.83×10^{-12}	4.96×10^{-12}	5.59×10^{-12}	4.78×10^{-12}
氨氮	3.02×10^{-14}	2.57×10^{-14}	2.90×10^{-14}	2.48×10^{-14}
氟化物	2.21×10^{-14}	1.88×10^{-14}	2.12×10^{-14}	1.81×10^{-14}
总非致癌风险	2.49×10^{-8}	2.12×10^{-8}	2.38×10^{-8}	2.04×10^{-8}

表 8 – 11　　**青岛某海水淡化厂出水非致癌物质饮水途径的健康风险**　　单位：a^{-1}

元素	婴幼儿	青年	成人	老人
锌	2.32×10^{-12}	1.98×10^{-12}	2.23×10^{-12}	1.90×10^{-12}
锰	6.36×10^{-12}	5.41×10^{-12}	6.09×10^{-12}	5.21×10^{-12}
镍	4.28×10^{-12}	3.65×10^{-12}	4.11×10^{-12}	3.51×10^{-12}
汞	1.93×10^{-11}	1.64×10^{-11}	1.85×10^{-11}	1.58×10^{-11}
硒	1.11×10^{-11}	9.48×10^{-12}	1.07×10^{-11}	9.14×10^{-12}
氟化物	1.18×10^{-13}	1.00×10^{-13}	1.13×10^{-13}	9.65×10^{-14}
硝酸盐	5.24×10^{-16}	4.46×10^{-16}	5.02×10^{-16}	4.30×10^{-16}
甲苯	1.31×10^{-15}	1.11×10^{-15}	1.26×10^{-15}	1.07×10^{-15}
苯	1.05×10^{-14}	8.92×10^{-15}	1.00×10^{-14}	8.59×10^{-15}
总非致癌风险	4.35×10^{-11}	3.71×10^{-11}	4.17×10^{-11}	3.57×10^{-11}

2. 致癌物质健康风险评价结果

本研究按照 EPA 推荐的健康风险评价模型，结合本研究给出的各个参数值，计算了天津某海水淡化厂和青岛某海水淡化厂出水中致癌无机物镉、砷、铬和有机物二氯甲烷、三氯甲烷通过饮水途径引起的个人健康风险，具体评价结果见表 8 – 12 和表 8 – 13。天津某海水淡化厂三氯甲烷未检出，因此只考虑剩下 4 种物质的致癌风险。由表 8 – 12 可知，天津某海水淡化厂出水中 4 种金属元素产生的致癌风险大小依次为铬＞砷＞镉＞二氯甲烷，且铬和砷产生的致癌风险比镉大两个数量级，比二氯甲烷大八个数量级。其中，铬和砷产生的致癌风险高于新西兰和瑞典环境保护部规定的最大容许范围，但是在 US EPA 和国际辐射防护委员的规定范围之内，而镉和二氯甲烷引起的致癌风险可以忽略。4 种致癌物经饮水途径对不同敏感人群产生的致癌风险依次为 $4.71\times10^{-5}\,a^{-1}$、$4.01\times10^{-5}\,a^{-1}$、$4.52\times10^{-5}\,a^{-1}$、$3.87\times10^{-5}\,a^{-1}$，这说明 4 种致癌物质引起的总致癌风险高于新西兰和瑞典环境保护部规定的最大容许范围，但是小于 US EPA 和国际辐射防护委员会规定的最大容许限值。天津某海水淡化厂出水中由于未检出镉和砷，因此只考虑铬、二氯甲烷和三氯甲烷产生的致癌风险。铬对不同敏感人群产生的致癌风险比两种有机致癌物大六个数量级，且有机物产生的致癌风险可以忽略。三种致癌物质经饮水途径对四种敏感人群产生的总致癌风险为 $1.81\times10^{-6}\,a^{-1}$、$1.54\times10^{-6}\,a^{-1}$、$1.73\times10^{-6}\,a^{-1}$、$1.48\times10^{-6}\,a^{-1}$。总体来说，铬浓度值小于饮用水质量标准，但是致癌风险却超过两个机构规定的最大风险容许限值，这说明致癌物质的健康风险不仅与水体中的浓度有关，还与致癌系数有关。因此，三种金属元素需要关注，尤其是铬。

表 8-12   天津某海水淡化厂出水化学致癌物饮水途径的健康风险   单位：a^{-1}

元素	婴幼儿	青年	成人	老人
镉	1.02×10^{-7}	8.70×10^{-8}	9.80×10^{-8}	8.39×10^{-8}
砷	1.44×10^{-5}	1.23×10^{-5}	1.38×10^{-5}	1.18×10^{-5}
铬	3.26×10^{-5}	2.78×10^{-5}	3.13×10^{-5}	2.68×10^{-5}
二氯甲烷	4.61×10^{-13}	3.92×10^{-13}	4.42×10^{-13}	3.78×10^{-13}
总致癌风险	4.71×10^{-5}	4.01×10^{-5}	4.52×10^{-5}	3.87×10^{-5}

表 8-13   青岛某海水淡化厂出水化学致癌物饮水途径的健康风险   单位：a^{-1}

元素	婴幼儿	青年	成人	老人
铬	1.81×10^{-6}	1.54×10^{-6}	1.73×10^{-6}	1.48×10^{-6}
三氯甲烷	2.57×10^{-12}	2.19×10^{-12}	2.46×10^{-12}	2.11×10^{-12}
二氯甲烷	1.29×10^{-12}	1.09×10^{-12}	1.23×10^{-12}	1.05×10^{-12}
总致癌风险	1.81×10^{-6}	1.54×10^{-6}	1.73×10^{-6}	1.48×10^{-6}

3. 总健康风险评价结果

海水淡化厂出水中的总健康风险为致癌物质和非致癌物质所产生的健康风险之和，如图 8-1 和图 8-2 所示。在所有区域，产生的致癌风险和非致癌风险对于所考虑的目标人群大小依次为婴幼儿＞成人＞青年＞老人。致癌物质所产生的健康风险数量级为 10^{-6} 和 10^{-5}，而由非致癌物质所产生的健康风险数量级为 10^{-11} 和 10^{-8}，这表明致癌物质所引起的危害性远远超过非致癌物质。因此，海水淡化厂出水中有毒物质产生的健康风险主要来自于致癌金属元素的致癌风险。

　　需要指出的是，本研究只考虑了饮水这一暴露途径，没有考虑其他途径，例如呼吸、食物摄入和皮肤接触等。另外，本研究的健康风险评价结果存在一定的不确定性，主要来自于：①模型中参数取值的不确定性；②饮水途径产生的风险与个人的生活习惯和从事的职业有关，具有一定的不确定性；③有毒物质污染分布的不确定性等。因此，本研究的健康风险评价是初步的，需要做进一步的研究。

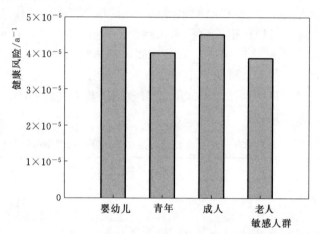

图 8-1　天津某海水淡化厂出水饮水途径产生的总健康风险

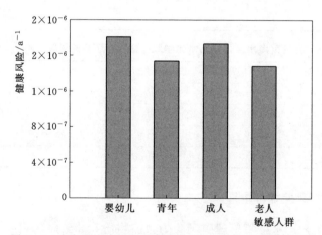

图 8-2　青岛某海水淡化厂出水饮水途径产生的总健康风险

8.5　淡化产品水水质特性及后处理方法

　　一般来讲，不论是蒸馏法还是反渗透法所产生的淡化水，均具有矿物质含量少、轻微腐蚀性和偏酸性（pH 为 6.5～7.5）的特点。海水淡化产品水具有轻微腐蚀性，如不处理，倾向于溶解接触到的金属以达到自身的稳定，容易造成管道和设备的腐蚀。淡化水中的钙、镁离子浓度较低，蒸馏法产品水中的钙、镁含量更低，其含量几乎接近于零。

　　鉴于淡化产品水的特性，一般淡化水进入城市管网前，需采取合理的措施，保护城市供水系统金属管路不受腐蚀，保障居民饮用的卫生安全，对淡化水的进一步处理通常称之为海水淡化后处理。国外的研究认为：经过处理后的淡化水水质，当碱度大于 80mg/L、80mg/L＜Ca^{2+}＜120mg/L、3mg/L＜CCPP＜10mg/L、pH＜8.5、Larson 比例大于 5 时，能够保证管网不受腐蚀，满足进入市政管网的要求。

　　通常的后处理包括下列过程：

　　（1）矿化。矿化通常是通过过滤、投加化学药剂和与原水按一定比例混合实现的，过滤的介质通常为碳酸盐（主要是方解石或白云石），过滤的同时还需要投加二氧化碳。

　　（2）防腐蚀。可添加磷酸盐、硅酸盐、碳酸盐等控制水质腐蚀指数，通常通过给管道和蓄水池涂敷涂层或增设保护材料来实现。

　　（3）消毒。与自来水消毒类似，通常使用各种形式的氯（次氯酸钠、氯气）对产品水进行消毒，其他的消毒剂（臭氧、紫外线杀菌、二氧化氯或氯胺）可作为二级消毒剂；当后处理掺混了其他水源水时，消毒应该调节到与用于混合的进料水中微生物浓度相当的水平。

　　（4）强化脱除特定化学成分。在脱盐过程中硼、硅等物质有可能进入产品水，根据化合物情况，针对性的处理技术可包括离子交换、活性炭粒过滤、多级/多类型膜法处理或几种技术相结合。一般情况下后处理过程只采取上述一种或几种措施就能满足要求。例如，与原水混合或添加必要的矿物质（如钙、镁）能同时稳定产品水水质，并保护供水系统免于腐蚀。再如，通常添加次氯酸钙是为了杀菌消毒，同时也能增加一些矿物质钙。通常淡化厂的产品水与原水混合并加入次氯酸钙消毒后，可达到保障卫生安全和管网防腐蚀的目的。

8.6　淡化水用途分析及应用实例

8.6.1　淡化水用途分析

　　海水淡化水具有洁净、高纯度和供给稳定的特点，是安全可靠的高品位水源。淡化产品水首先可进入自来水管网，作为城镇居民生产、生活的重要

水源，也可作为海岛、船舶、海上平台等主要水源；其次淡化产品水可作为
企业生产和生活用水，也可作为以发电等锅炉补水为代表的工业用高纯水和
工艺用水。

在海湾国家，由于传统的水资源几近枯竭，海水淡化发展已有较长历史，
并取得了成功经验。在过去的 25 年里，海湾国家已投入约 400 亿美元用于海
水淡化厂和配套供水管网的建设。在经历了 20 世纪 80 年代后期和 90 年代中
期两个平台期后，2003 年总装机容量已达到 0.15 亿 m^3/d，淡化水在海湾国
家水资源结构中占据重要份额。沙特是世界淡化水产量最大的国家，2000 年
约为 10 亿 m^3/a，占总水量的 40%。阿联酋通过加快发展大型淡化装置以满
足不断增长的城市用水需要，已成为世界上人均淡化水拥有量最多的国家。
卡塔尔和科威特几乎全部用淡化水作为饮用水。几乎所有的海湾国家都制定
政策，用海水淡化水作为市政和工业部门供水，其中 2000 年约 930 万 m^3/a 用于
市政部门，占其产量的 84%，专供大型工厂使用份额占 12%，具体见表 8-14、
表 8-15 及图 8-3。

表 8-14　　　　　　　海湾国家已建成的脱盐装置人均装机容量

国家	已建装机容量/(万 t/d)	2000 年人口/万人	人均装机容量/[10^3 t/(d·人)]
阿联酋	252.1	244	1033
卡塔尔	57.3	60	955
科威特	152.7	191	799
巴林	47.3	68	696
沙特	513.9	2161	238
阿曼	21.8	254	86
合计/平均	1045.1	2978	351

表 8-15　　　　　　海湾国家 1990 年和 2000 年淡化水供应情况

国家	1990 年			2000 年		
	市政用水/亿 m^3	淡化水产量/亿 m^3	淡化水份额/%	饮用水/亿 m^3	淡化水产量/亿 m^3	淡化水份额/%
巴林	1.03	0.56	54	1.15	0.76	66
科威特	3.03	2.40	79	4.65	4.18	90
阿曼	0.86	0.32	37	1.69	0.55	33
卡塔尔	0.85	0.83	98	1.32	1.32	100
沙特	17.00	7.95	47	25.00	10.22	41
阿联酋	5.40	3.42	63	8.31	6.74	81
合计	28.17	15.48	55	42.12	23.77	56

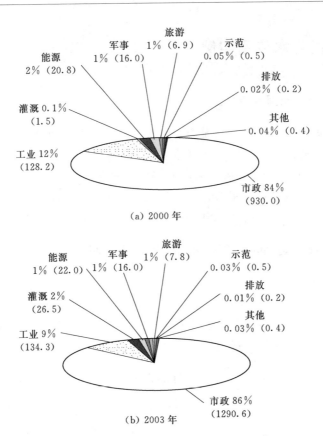

图 8-3 海湾国家淡化水使用情况

（括号内数字单位为万 m³/d）

在以色列，自 20 世纪 60 年代起就致力于海水淡化技术的研究，目前已拥有先进的海水淡化技术和设备，淡化水在供水结构中所占份额不断增大。由于以色列南部及半干旱地区水资源短缺，需要建立集中水输送系统，由北方的水源地集中输送。因此，以色列几乎所有水资源都相互连接，然后进入国家管网。以色列 1998—2020 年供水情况及预测见表 8-16。

表 8-16 以色列 1998—2020 年供水情况及预测

年份	人口 /万人	供水总量 /(亿 m³/a)	淡化水 /(亿 m³/a)	淡化水所占比例 /%
1998	600	21.00	0.10	0.48
2010	740	24.30	1.00	4.12
2020	860	26.80	2.00	7.46

8.6.2　淡化水应用实例

1. 新加坡新泉海水淡化工程

新加坡的新泉海水淡化厂是第一个公用事业与私营企业的合作项目，是新加坡乃至亚洲目前最大的海水淡化项目。新泉海水淡化厂可供应136380m³/d淡化水，能够满足国内10%的用水需求，所生产的淡化水由输水管引入最近的公用事业局储水池，按1∶2的比例与普通淡水混合，直接进入城市供水，输送给西部居民饮用。

2. 摩洛哥 Laayoune 的 7000m³/d 海水淡化工程

Laayoune 的 7000m³/d 反渗透海水淡化工程，将产品水与地下水（含盐量为 1600mg/L，规模为 5616m³/d）混合后输送到供水管网，同时采用NaOH 调节 pH 以减小对输送管路的腐蚀，最后用氯进行消毒，达到了12600m³/d 的饮用水供应量。

3. 西班牙巴塞罗那的 20 万 m³/d 海水淡化工程

巴塞罗那 20 万 m³/d 反渗透海水淡化工程于 2009 年建成，成为欧洲最大的海水淡化厂。其反渗透淡化水经过矿化和氯化处理后泵送到 11km 外弗恩桑塔的各大主要储水池，直接进入巴塞罗那的饮用水管网。工程建成后将为巴塞罗那地区 100 多个市的 450 万居民提供饮用水，满足约 15%～20% 的饮用水需求。

4. 澳大利亚黄金海岸的 125000m³/d 海水淡化工程

该工程为澳大利亚昆士兰州东南地区供水，其供水量达到了该地区总供水量的 20%，为提高淡化水的品质，首先在二级反渗透前提高 pH 到 10.2 左右以提高硼的脱除率，然后通过添加熟石灰和二氧化碳进行矿化实现水质的稳定，最后采用次氯酸钠进行消毒再进入城市供水系统。

5. 国内海水淡化水作为饮用水的工程实例

我国淡化水作为饮用水，大多数是在海岛地区。大连长海县大长山岛的1000m³/d 反渗透海水淡化装置于 1999 年建成并投入运行，淡化水含盐量为220～370mg/L，淡化水利用重力流入自来水厂净水池内，进入该地区的供水系统。浙江省嵊泗海岛从 1997 年开始建立反渗透海水淡化系统，目前海水淡化水已经进入该地区的供水系统，成为岛屿居民重要的生活饮用水来源之一。2006年3月国华沧东电厂利用引进的 $2\times10000m^3/d$ 低温多效海水淡化设备投产，除供电厂发电机组用水外，还处理成符合国家标准的饮用水，通过管道输送到居民区，供居民饮用。现在国华沧电公司职工驻地的10栋共 $5\times10^4m^2$ 住宅楼所需的 $200m^3/d$ 的淡水，全部改用海水淡化水。

6. 海水淡化产品水作为纯净水的实例

天津大港电厂引进的 $2\times3000m^3/d$ 多级闪蒸海水淡化装置，是我国最早建成的蒸馏法工业化海水淡化设备，其产品水主要作为锅炉补充水，该厂还用于生产饮用瓶装纯净水，并进入市场销售。青岛黄岛电厂与自然资源部天津海水淡化与综合利用研究所合作完成的 $3000m^3/d$ 低温多效海水淡化示范工程，其产品水水质优于国家饮用水卫生标准，除作为电厂锅炉补水外，还用于生产纯净水，产品除供职工自己饮用外还对外销售。

在世界范围内，海水淡化产品水作为饮用水的历史虽然不长，但正在呈逐年递增的趋势，淡化水已成为缺水国家生活、生产用水的一个重要组成部分，海水淡化产品水作为饮用水已经得到普遍认可和接受。我国海水淡化尚未进入城市供水系统，作为饮用水还大多用于缺水海岛地区，其他大多为电厂锅炉补水。

海水淡化的生产工艺决定了其产品水含盐量少，品质优于一般自来水，其产品水可作为优质的饮用水和生产用水满足沿海城镇需要。对影响海水淡化产品水品质的各个因素，都可采取适宜的措施加以处理和控制，保证产品水的水质。

为了保护市政供水管网和饮用水的安全，通过设计合理的后处理工艺，进一步提高了淡化水的品质，使其完全符合市政用水各项指标。

国内外海水淡化产品水应用的实例说明，海水淡化产品水生产工艺越来越成熟，后处理方法不断完善，经过简单处理的淡化产品水已成为缺水国家尤其是海湾国家市政用水的一个重要组成部分，除满足生活饮用的需求外，还可像普通自来水一样，应用于各个用水领域。在我国，随着海水淡化项目的不断发展和淡化厂规模的大型化，其进入城市供水系统也将成为必然。

第 9 章

我国海水淡化利用模式

9.1 我国海水淡化产业空间布局现状分析

海水淡化工程建设情况主要分为拟建、在建和已建，由于拟建海水利用项目具有较大的不确定性（天津北疆电厂拟建 40 万 t/d，但是实建产能 20 万 t/d），应以在建和已建海水淡化工程作为海水淡化利用布局的主要依据。2016 年年底，我国海水淡化工程规模达到 118.8065 万 t/d。

1. 北方沿海地区海水淡化工程布局

北方沿海地区是指辽宁、河北、天津和山东四地区，该地区已建海水淡化产能达 86.0414 万 t/d，其中：天津 31.7245 万 t/d、山东 28.2005 万 t/d、河北 17.35 万 t/d、辽宁 8.7664 万 t/d，占现有全国海水淡化总产能的 72.42%。京津冀地区天津、河北海水淡化工程产能总计 49.0745 万 t/d，占北方地区海水淡化产能的 57.04%，占全国总产能的 41.3%。

辽宁地区共有海水淡化工程 10 项，其中大部分是反渗透海水淡化工程，该地工程总产能达 8.7664 万 t/d，占北方沿海地区海水淡化工程总产能的 10.2%。其主要布局在大连、营口两地，大连有海水淡化产能 4.4444 万 t/d，占辽宁地区总产能的 50.7%。

河北地区共有海水淡化工程 6 项，4 项为低温多效，2 项为反渗透，该地工程总产能达 17.35 万 t/d，占北方沿海地区海水淡化工程总产能的 20.16%。其主要分布在唐山和黄骅两地，唐山海水淡化产能 11 万 t/d，占河北地区总产能的 63.4%。

天津地区已建和在建海水淡化工程有 6 项，其中 3 项为低温多效工程、2 项为反渗透工程、1 项为多级闪蒸工程，工程总海水淡化能力达 31.7245 万 t/d，占北方沿海地区海水淡化能力的 36.87%。

山东地区已建和在建海水淡化工程达 13 项，其中反渗透海水淡化占 8 项以上，该地总海水淡化能力达 28.2005 万 t/d，占北方沿海地区总海水淡化能力的 32.78%。其主要布局在青岛、威海、荣城、莱州、即墨等地，其中青岛已建和在建海水淡化能力达 14.106 万 t/d，占山东地区海水淡化能力的 50%。

2. 南方沿海地区海水淡化工程布局

我国南方沿海地区包括江苏、上海、浙江、福建、广东、广西、香港、海南等地的沿海地区（不包括南方沿海岛屿）。其中已建或在建海水淡化工程的地区主要包括浙江、福建、广东三地。南方沿海地区海水淡化工程共有 38 项，主要采取反渗透技术，海水淡化总能力达 32.7651 万 t/d。浙江沿海共有海水淡化能力 13.0145 万 t/d，占该地区海水淡化能力的 58.2%，主要分布在温州、台州、宁波舟山。福建沿海海水淡化工程共 1 项，位于福建宁德市，产能 1.08 万 t，占南方沿海海水淡化总产能的 11.7%。广东沿海地区已建海水淡化工程共 3 项，海水淡化产能达 3.02 万 t/d，占南方沿海淡化总产能的 30.8%。

3. 海岛海水淡化工程布局现状

我国有常驻居民的海岛有 400 多个，具有已建和在建海水淡化工程的岛屿主要分布在辽宁、山东、浙江、海南周边海域。我国已建和在建海岛海水淡化工程达 39 项，基本上采用反渗透技术，总产能达 5.883 万 t/d，占我国已建和在建海水淡化产能的 4.95%。辽宁海域附近共建海水淡化工程 2 项，分布在大连市长海县，产能 0.15 万 t/d，占我国海岛海水淡化总产能的 2.5%。山东附近海域海岛已建海水淡化工程 8 项，总产能达 0.315 万 t/d，占我国海岛淡化总产能的 5.4%。山东附近海域的海水淡化工程主要布局在烟台和威海两市附近海域，烟台市以长岛县海水淡化工程最多，长岛县海水淡化工程共 6 项，海水淡化产能达 0.215 万 t/d，占山东附近海域海岛总海水淡化产能的 68.3%。浙江附近海域海水淡化工程多达 23 项，总产能达 5.305 万 t/d，占我国海岛淡化总产能的 90.2%，该地区海水淡化工程主要分布在舟山群岛附近。海南附近海域有海岛海水淡化工程 4 项，淡化能力达 720t/d，主要分布在西沙和东锣岛附近。

9.2 海水淡化水利用模式分析比较

目前，可行性较好且具有较高发展前景的海水淡化水利用模式主要包括远距离输送海水淡化水利用模式、工业企业海水淡化联产联用模式、海岛海水淡化利用模式，每种模式由于其内涵和经济技术条件要求不同而具有不同的特征和布局范围。

1. 远距离输送海水淡化水利用模式

世界海水淡化水 80% 用于居民饮用，而我国的海水淡化水主要用于工业生产，利用结构不尽合理。海水淡化水远距离输送是海水淡化水用于居民饮用的一种重要方式。根据输送距离的长短可分为本市范围内输送、跨市范围输送、跨省范围输送，跨市和跨省输送统称为远距离输送。远距离输送海水淡化水利用模式具有以下特点：①海水淡化水主要用于居民饮用；②输水成本占总体成本比重较大，是影响该利用模式能否予以实现的关键；③输送过程以管道输送为主，适应性较强，外部环境因素影响较小；④稳定性较好，能有效解决沿海缺水问题，具有好的发展前景。目前，远距离输水的海水淡化工程已有一定基础，北疆电厂海水淡化工程和青岛海水淡化工程建成后都可对内对外提供淡化海水。

远距离输送海水淡化水利用模式适宜制水成本较低、输送技术可行且成本较低、综合成本与其他水源渠道相比性价比较高的地区。首先，通过恰当选择海水淡化技术类型，扩大海水淡化工程规模，取用水质较好的海水、浓海水直排或综合利用等措施大幅降低海水淡化成本。其次，根据输水路径的比较选择，选择地质地貌条件较好，输水路径较短，扬水成本较低，动态成本较低的输水路线将大幅降低输送成本。最后，在建设海水淡化远距离输送工程前，综合考虑各地水资源条件和其他水源补给渠道，若其他水源补给渠道性价比不如海水淡化远距离输送，优先考虑海水淡化水远距离输送。以北方城市为例，由于降雨较少，且雨水利用具有不稳定性，同时南水北调由于动态成本过高，海水淡化水远距离输送与其相比就具有明显的比较优势。

2. 工业企业海水淡化联产联用模式

工业企业海水淡化联产联用是指集中建立多个海水淡化工程并建设连接主要工业企业的淡化海水输送管道，使得海水淡化工程的多余产能有效流转，满足产能不足或未建海水淡化工程的工业企业的淡化海水用水需求。工业企业海水淡化联产联用模式具有如下特征：①海水淡化水主要用于高耗水的工业企业；②建设连接各工业企业的输水管网；③具有较好的产业政策条件，我国鼓励沿海新建火电、化工等高耗水企业建设配套海水淡化工程，鼓励高耗水企业使用淡化海水；④具有较明显的效益，规模化以降低成本，联产化以发挥停滞产能，联用化以满足中小企业用水需求。

我国沿海地区的工业企业海水淡化联产联用模式有较好的发展基础。首先，沿海地区海水淡化产能有一定的基础，新建海水淡化工程规模不断扩大。其次，沿海地区经济发展潜力较大，随着产业政策的日益完善，新建工业企业数量将不断扩大，用水需求不断扩大而水资源条件有限，海水淡化工程联产联用将有较大应用市场空间。再次，已建海水淡化工程大量产能的闲置迫切要求海水淡化工程联产联用。最后，工业企业当前所用自来水价格较高，海水淡化水用于工业企业生产具有较高的经济适用性。

3. 海岛海水淡化利用模式

海岛指被海水环绕的小片陆地。由于海岛四面环海,具有一定封闭性,工业基础较差。同时由于海岛面积较小,不易在岛内形成大型湖泊和河流,海水淡化工程建设前,雨水是唯一淡水来源。我国有 400 多个岛屿上有常住居民,部分岛屿具有军事战略意义。海岛的特殊性决定了海岛海水淡化工程利用模式作为海水淡化水利用的一种独立模式而存在。海岛海水淡化工程利用模式具有以下特征:①海水淡化水主要用于军民饮用;②海水淡化工程一般规模较小;③海水淡化工程一般选用反渗透法技术类型;④海水淡化工程对解决海岛军民用水需求具有重要意义;⑤由于海岛经济基础较差,海水淡化工程建设投资应以政府投资为主。此外,海岛海水淡化水利用与雨水利用具有较好的比较优势,地貌和集雨面积对雨水利用有较大不确定性影响,且海水淡化水水质好于雨水,再加上反渗透海水淡化技术也适用于雨水净化,因此只要人口数量达到一定规模或具有重要战略意义的海岛,都可建设海水淡化工程。

9.3 我国海水淡化产业空间布局优化

1. 环渤海地区

环渤海地区指辽东半岛和山东半岛包围的北京、天津、辽宁南部、河北东部、山东北部地区。该地区主要入海河流为海河、辽河和黄河,位于 400mm 和 800mm 降水线之间,由于该地区经济发展迅速、人口较多,资源性缺水现象严重,亟须发展海水淡化以缓解水资源瓶颈对经济社会发展的制约。根据渤海与黄海的分界线严格区分山东的海水淡化工程布局,山东沿海海水淡化工程除华电莱州电厂海水淡化工程外,其余海水淡化工程均布局在沿黄海地区;山东海岛海水淡化工程主要位于渤海与黄海的交界地带,区分不太明显,暂且将此类工程纳入环渤海地区。粗略统计,环渤海地区已建和在建海水淡化工程总产能达 58.1559 万 t/d,占全国总产能的 48.95%,是我国海水淡化的主要地区。渤海地区海水淡化浓盐水的问题日益受到重视。渤海是个内海,流动性较差,浓盐水直接入海会带来生态破坏和化学污染,而我国海水淡化产能一多半布局在环渤海地区。因此,处理好浓盐水问题是环渤海地区海水淡化进一步发展的关键。

环渤海地区可以布局远距离输水、联产联用、海岛三类型的海水淡化利用模式。首先，远距离输水海水淡化利用模式主要将沿海地区淡化海水供给北京和沿海省份离海较远的重要城市。北京严重缺水的现状和重要地位要求海水淡化作为安全、稳定的水源供给，且海水淡化水的入户成本价接近或低于南水北调的总体成本（总体成本包括拆迁补偿、移民安置等动态成本）。其次，环渤海地区是我国北方的重要经济带，不仅海水淡化工程规模较大而且用水需求不断增大，大力发展海水淡化联产联用可以有效解决海水淡化后浓盐水的处理问题，进一步促进环渤海地区海水淡化产业化发展。最后，环渤海地区海岛淡化工程应主要布局在辽宁长海县附近岛屿，山东主要布局在长岛县附近海域，主要以满足岛上居民用水需求为主。

沿黄海地区主要包括山东半岛以南、江苏沿海，位于山东半岛以南和上海以北的地区，主要水系包括淮河和京杭运河，年降水量在1600mm以上。临黄海的山东沿海和江苏北部地区水资源严重短缺，烟台和连云港人均水资源不足500m³，青岛人均水资源不足400m³；临黄海的江苏南部也用水紧张，盐城人均水资源量不足800m³。该地区已建和在建海水淡化产能达14.504万t/d，占全国总产能的18%。由于黄海是外海，沿黄海地区具有环渤海地区所没有的优势，这里可以实现淡化后浓盐水深海直排，较大幅度地降低了海水淡化的成本。同时临渤海和黄海的山东将海水淡化工程主要选址于沿黄海地区。由于该地区山东东南部和江苏北部缺水严重，且已建海水淡化工程总体规模相对较小，因此该地区海水淡化有着很好的前景。

沿黄海地区可以布局工业企业联产联用海水淡化利用模式。首先，山东和江苏东中部京杭运河，南水北调东线途经此线，因此东中部地区水资源紧张得到一定程度缓解且南水北调输水成本远低于北京、天津等输水成本，也低于海水淡化远程输水，因此该地暂且不存在海水淡化远距离输水利用模式。其次，附近海岛较少，不存在大规模建设海岛淡化工程的可能。最后，该地区经济发展较快，工业企业用水增长较快，因此发展工业企业海水淡化利用模式是解决当地水资源紧缺问题的重要方式。

2. 沿东海地区

沿东海地区包括上海、浙江、福建北部，该地区主要水系包括在上海入海的长江和浙江的千岛湖等。上海和浙江北部年降水量在1600mm以上，浙江南部和福建北部降水量在3000mm以上。沿东海地区水资源分布呈现多样性，上海人均水资源不足200m³；浙江人均水资源1800m³，而舟山人均水资源707m³；福建人均水资源约3826m³，位于中部偏北的福州人均水资源也达1657m³。总体上讲，沿东海地区，除上海和海岛外，整体人均用水量较为充沛。该地区已建和在建海水淡化产能达12.101万t/d，占全国总产能的

15％。其中海岛淡化工程有 23 项，全部分布在浙江，占该地工程总数的 85％，该地总产能的 44％。沿东海地区为水质性缺水，特别是上海是典型的水质性缺水城市，因此加强污水的处理和中水的回用是该地解决缺水问题的关键。

沿东海地区可以布局工业企业联产联用、海岛海水淡化利用两类海水淡化利用模式。首先，该地区水资源较充沛，不存在海水淡化远距离输水的必要性。其次，该地区临东海，海水淡化后浓盐水可直排入海，淡化成本较低，在该地区相对缺水的城市会有一定发展，但是该地区整体相对充沛的水资源条件决定了这种模式将不会有太大发展。最后，目前海岛海水淡化工程多集中于舟山附近，但该地区海岸线曲折，海岛众多，经济较为发达，省级财政收入较富裕，随着海水淡化日益受到重视，上海的崇明岛、浙江和福建的其他海岛的海水淡化工程也将会有很快的发展。

3. 沿南海地区

沿南海地区包括福建南部、广东、广西南部、海南，该地区的主要水系在珠三角地区，该地区年降雨量多在 3000mm 以上。总体上讲，除深圳等城市外，该地区水资源条件充沛，广东人均水资源量在 2000m³ 以上，海南人均水资源量在 3000m³ 以上。深圳人均水资源量虽仅为 100m³，但其与上海一样，是典型的水质性缺水地区，其解决缺水问题的关键在于同时具有环境效益的中水回用，而不在于海水淡化。

沿南海地区可以布局海岛海水淡化利用模式。首先，该地区水资源充沛不需要布局海水淡化远距离输水工程和工业企业水电联产联用模式，即使大亚湾核电站可能会成为海水淡化与核能发电相结合的典型，但也主要是用作冷却水的海水直接利用，不具备大规模海水的经济效益和市场需求。其次，海岛海水利用将是这一地区海水淡化利用的主要模式。福建南部、广东、海南附近有较多的海岛，这些地区建设海水淡化工程主要满足海岛居民生活用水。而西沙群岛、南沙群岛建设海水淡化工程具有重要战略意义，在这里建设海水淡化工程主要满足驻岛或驻礁官兵饮用。

9.4　京津冀环渤海海水淡化利用模式研究

天津滨海新区位于天津市东部沿海地区，海岸线长 153km，海水资源丰富。目前滨海新区处于快速发展阶段，对水资源的需求日益增加，但新区城市供水过于依赖外调引滦水，不利于城市供水安全。为解决滨海新区资源型缺水状况、缓解水资源供需矛盾、保障居民饮水安全，新区极为重视非常规水资源的开发利用，海水淡化成为保障滨海新区经济社会可持续发展的有效途径。

9.4.1 京津冀环渤海海水淡化产业概况

9.4.1.1 天津滨海新区海水淡化产业现状

滨海新区规划面积 2270km²，濒临渤海湾，海岸线长 153km，占有得天独厚的地理优势，拥有世界最广阔的资源——海水。目前滨海新区已建成北疆电厂、泰达新水源、新泉和大港电厂四座海水淡化厂，淡化水总生产能力为 31.6 万 t/d。

1. 北疆电厂海水淡化厂

北疆电厂海水淡化厂位于滨海新区北片区汉沽，靠近渤海，属于北疆电厂循环经济项目之一，产水规模 20 万 t/d，2010 年投产。北疆电厂海水淡化厂采用低温多效海水淡化技术，利用发电余热和部分低品位抽汽进行海水淡化，进一步提高了电厂的热效率，利用淡化水产品的可存储性补偿电能产品的不可存储性；部分淡化水用于电厂锅炉补给水；同时，淡化过程以 1（淡化水）∶1（浓盐水）的比例产生的浓盐水用于汉沽盐场制盐，不仅盐场产量提高 1 倍，而且可以置换出 22km² 的盐田用地，整个生产过程采用"发电—淡化水—浓盐水制盐—土地节约整理—废物资源化利用"循环经济模式，实现零排放。水厂出水水质指标全部符合《生活饮用水卫生标准》（GB 5749—2006），尤其是毒理性指标远远优于国家标准。淡化水一部分用于电厂自身锅炉补给水，另一部分参与城市水资源配置：水厂产水的 10% 用于电厂自用，40% 供给自来水水厂，与自来水混合后供给城市用水，其余 50% 直供给工业用户。

2. 泰达新水源海水淡化厂

泰达新水源海水淡化厂位于滨海新区核心区开发区，是国家发展改革委和天津市发展改革委高新技术产业化项目，总规模 2 万 t/d，一期规模 1 万 t/d，于 2006 年 12 月建成投产。采用低温多效海水淡化技术，以购买天津滨能股份有限公司 5 号热源厂蒸汽为热源，其优质产品水（总含盐量＜5ppm）主要用于锅炉补给水和开发区其他用户，工艺副产品浓盐水排入海里，由于生产成本太高，目前已经停用。

3. 新泉海水淡化有限公司

新泉海水淡化厂位于滨海新区南片区大港，毗邻大港电厂和独流减河，由新加坡凯发集团投资建设，总规模 16 万 t/d，一期规模 10 万 t/d，于 2009 年 6 月建成投产，实际产水 7 万 t/d。新泉海水淡化厂采用反渗透海水淡化技术，是国内最大规模膜技术海水淡化厂。以大港电厂冷却水为原水，经过预处理、超滤、反渗透、后处理等工艺流程制得淡化水，同时以 1（淡化水）：2（浓盐水）的比例产生浓盐水。水厂的产水全部通过专用输水管道向企业供水，工艺副产品浓盐水（1：2）送至塘沽盐场进行制盐。

4. 大港电厂海水淡化厂

大港电厂海水淡化厂位于滨海新区南片区大港电厂，规模 0.6 万 t/d，于 1990 年投产，采用多级闪蒸海水淡化技术，产品水主要用于大港电厂锅炉补给水，多余的淡化水生产成瓶装水由海得润滋食品有限公司对外销售。大港电厂海水淡化厂生产的淡化水主要用于电厂自用，不参与城市水资源配水。

9.4.1.2　河北环渤海海水淡化产业现状

1. 河北黄骅国华沧东电厂海水淡化工程——57500t/d

河北省沧州市黄骅港开发区淡水资源严重短缺，企业生产生活用水基本靠地下水。在这种情况下，国华沧电为解决电厂自身的淡水需求，提出了"能向大海要淡水"的发展战略，完成我国第一个万吨级低温多效海水淡化装置建造安装工程。一期工程两台 1 万 t/d 海水淡化装置于 2006 年正式投入商业运营，二期工程一台 1.25 万 t/d 海水淡化装置于 2009 年全部竣工投产，三期海水淡化工程 2.5 万 t/d 海水淡化装置于 2013 年 12 月竣工投产，三期海水淡化工程总计形成 5.75 万 t/d 的生产规模。海水淡化设备制取的淡水含盐量小于 5mg/L，各项水质指标均达到并优于国家生活饮用水卫生标准，而且淡化后产生的高浓度盐水可循环用作盐化工产业，既经济又环保，在满足电厂生产和生活用水的同时，国华沧电先后与中宝镍业、华润热电、中铁装备等多家大型企业签订了工业用水供应协议，正在分期扩大向沧州市渤海新区供应清洁、安全的淡水，为沧州沿海经济发展开辟了新的水源。

2. 曹妃甸北控阿科凌海水淡化厂——5 万 t/d

曹妃甸北控阿科凌 5 万 t/d 海水淡化项目位于曹妃甸经济开发区南部的钢

铁产业区，是曹妃甸大型海水淡化产业基地的起步工程，于 2010 年 3 月正式开工建设，项目总投资 4 亿元，占地面积约 33 亩。该项目使用了世界最高水平的反渗透装置，其能量回收效率可达到 98.5% 以上。项目产出的淡化水将采用商业运行的模式，直接进入曹妃甸市政管网使用。项目的建成投产，为我国大型海水淡化项目建设及商业化运营提供了示范样板，是以电力为龙头的循环经济产业链的重要环节，对保证工业区发展所需淡水资源的稳定具有重要意义，并为海水淡化项目开发探索了新的合作发展模式。

3. 河北首钢京唐钢铁厂海水淡化工程——5 万 t/d

河北首钢京唐钢铁厂海水淡化工程位于曹妃甸经济开发区南部的钢铁产业区，根据钢铁厂用水平衡，首钢京唐公司海水淡化工程设计一期采用热法低温多效蒸馏工艺，产水规模为 5 万 t/d，单套装置产水规模每天 1.25 万 t，产品水电导率小于 $10\mu S/cm$。而海水部分蒸发后浓度略为升高（约 1.43 倍），称之为浓盐水，由泵排出。本项目排出浓盐水计划用于南堡盐场制盐，避免造成海洋生态污染。各效产出的蒸馏水统一收集后同样由泵抽出，送至成品水储存至输送系统。

4. 河北大唐国际王滩电厂海水淡化厂——1 万 t/d

河北大唐国际王滩发电有限责任公司位于唐山市海港开发区境内。海水淡化系统为王滩发电厂配套项目，利用发电厂厂用电以及海水取排水设施生产淡水。生产的淡水用来供应电厂锅炉补给水和烟气湿法脱硫等工业用水。

海水淡化方案采用海水反渗透（SWRO）系统，预处理方案采用自清洗过滤和超滤处理系统。海水反渗透（SWRO）系统的出水一部分进二级反渗透系统处理，满足锅炉补给水系统用水需求，其余部分作为电厂工业用水。海水淡化系统现安装 400t/h 自清洗过滤器 3 套，120t/h 超滤装置 7 套，150t/h 海水反渗透装置 2 套，105t/h 淡水反渗透装置 2 套，以及配套的清洗、加药装置和程序控制系统。海水淡化系统总投资 6000 万元，从 2005 年 5 月开始土建施工，2005 年 11 月投入生产。王滩发电公司海水淡化工艺在国内首次采用了双膜法，突破了初步设计中的传统工艺方法，达到了一流水平。

通过 5 年的运行实践来看，超滤膜跨膜压差最高达到 0.5bar，产水浊度小于 1NTU，膜组件产水量满足设计要求，各项性能指标良好。海水淡化超滤系统每套产水量能够满足生产要求，当进水浊度出现波动时，经 UF 处理的原水水质非常稳定，产水浊度小于 1NTU，SDI＜3。海水反渗透系统每套产水量能满足生产要求，系统回收率大于 40%，系统脱盐率不小于 99.2%。二级反渗透系统产水量每套不小于 $105m^3/h$，系统回收率大于 85%，系统脱盐率不小于 98%。超滤膜、反渗透膜未发生重大缺陷，运行正常，产水量、脱盐率均符合要求。

9.4.2　京津冀环渤海海水淡化利用特征分析

9.4.2.1　海水淡化水利用存在的问题

1. 用户稀少、分散，产能闲置严重

北疆电厂海水淡化厂产水规模 20 万 t/d，其中 2 万 t/d 电厂自用，其余参与城市水资源配置，对外销售给一些企业和自来水厂，包括玖龙纸业、天津化工、宁河天钢联合钢铁、汉沽水厂、新区水厂等（图 9-1）。这些用户不仅分布分散，而且仅汉沽水厂和泰达水厂通水，其余用户已谈妥供水协议但并未通水。新泉海水淡化厂一期设计规模 10 万 t/d，由于淡化水滞销，所以实

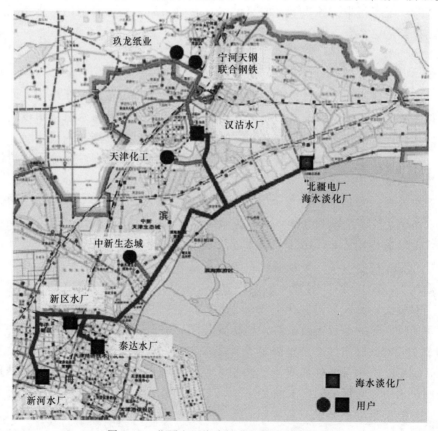

图 9-1　北疆电厂海水淡化厂用户分布情况

际产水 7 万 t/d。因此，由于用户稀少，淡化水滞销，水厂不能满负荷运行，造成产能闲置浪费。

2. 制水成本高、售价低，淡化水企业发展面临困境

海水淡化水是高品质水，水质远远高于自来水，成本自然也高于自来水。北疆电厂海水淡化厂制水成本约 8～9 元/t，以 4 元/t 的价格对外销售；新泉海水淡化厂以工业水的价格出售，也低于制水成本。制水成本与出售价格严重倒挂，制约企业发展。

9.4.2.2 解决策略

1. 加强政府政策支持引导

海水淡化产业作为战略性新兴产业，政府应该给予积极的政策支持。一是鼓励企业使用淡化水，尤其是新建、扩建企业，使淡化水拥有大量稳定的用户需求；二是补贴海水淡化产业，使高能耗的淡化水企业可以良性运行；三是根据实际需求，以需定供，制定出合理的水资源配置方案及海水淡化产业发展规划，更好地指导淡化水产业发展。

2. 寻求途径降低成本

就海水淡化产业自身而言，海水资源开发的主攻方向，应当从单项技术向综合开发利用的工艺技术方向发展，可以把发电、海水直接利用、海水淡化、海水制盐及化学元素提取等结合起来，建立海水资源综合利用体系，延伸海水淡化产业链，使海水淡化技术逐渐走到循环经济发展的道路上来，这样既促进了能源的高效综合利用，又降低了海水淡化的生产和运行成本，推动了海水淡化的顺利发展。比如，北疆电厂海水淡化厂采用"热电水盐"联产发展模式；青岛碱业公司的海水淡化项目，采用"纯碱生产—海水淡化—浓海水化盐制碱—热电联产一体化"的发展模式，每年可以节省 6 万 t 工业制盐，节电 1/3，节约化学用品接近 50%；澳大利亚和以色列采用"电—水"联产发展模式。

3. 集中布局高耗水工业用户

结合地区产业特点，将电力、石油化工、冶金、装备制造等高耗水项目集中布局在沿海地区，建立大型海水淡化工程和连接这些工业企业的淡化海水输送管道，使得淡化水拥有集中、稳定的用户，且集中输水可以降低成本。

9.4.3　天津滨海新区海水淡化水利用模式探索

9.4.3.1　海水淡化水利用方向

1. 滨海新区需水预测

依据《天津市滨海新区城市总体规划》，到 2020 年，天津市滨海新区需水总量约为 19.13 亿 m^3，其中：生活需水量为 3.36 亿 m^3，工业需水量为 9.21 亿 m^3，市政杂用水量为 1.57 亿 m^3，非城镇用水量为 3.42 亿 m^3，其他用水量为 1.57 亿 m^3，分别占城市总用水量的 17.6%、48.1%、8.2%、17.9% 和 8.2%。滨海新区用水以工业用水为主。滨海新区规划可供水资源除外调引滦水、南水北调（引江水）外，还需要海水淡化水为城市供水，规划到 2020 年，滨海新区海水淡化水需求总量约为 3.21 亿 m^3。

2. 滨海新区产业布局概况

依据《滨海新区城市总体规划》，滨海新区形成"一城双港三片区"的城市空间结构（图 9-2）。"一城"是指"滨海新区核心区"；"双港"是以津港高速延长线为界划分南北两大港；"三片区"是指北部宜居旅游片区、南部石化生态片区、西部临空高新片区。从产业布局来看，高耗水工业项目主要分布在临港工业区、南港工业区和大港地区（图 9-3）。

3. 滨海新区淡化水利用方向

澳大利亚、以色列、大连和青岛是全球海水淡化利用较好的国家和城市，淡化水主要用于市政用水，这是因为在这些地区，一方面，淡水资源严重匮乏，市政用水的严重短缺成为地区水资源的主要矛盾，已经影响到人民的正常生活，因此需大力发展海水淡化产业，解决人民生活用水的困难；另一方面，这些国家和城市拥有水质较好的海水。因此，淡化水作为一种战略储备水源，应根据地方的实际需求，适度开发。

海水淡化水是不受时空和气候影响的稳定水源，水质较好，但是生产成本、能耗也高，所以本着"分质供水、高水高用、低水低用"的原则，海水淡化水应该用于对水质要求更高的行业，如先进制造业、精密仪器等。同时，天津市滨海新区属于缺水城市，一方面，生活用水优先由外调水（引滦水、南水北调水）保证；另一方面，新区工业用水量大，存在缺口，工业用水的严重短缺成为城市水资源短缺的主要矛盾，因此高品质的海水淡化水优先保证工业用水。

目前，滨海新区现有的北疆海水淡化厂，通往汉沽水厂、新河水厂、新

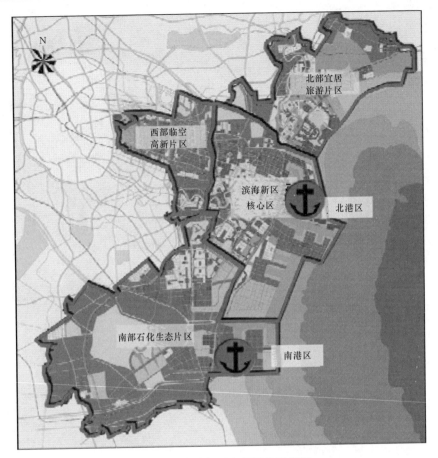

图 9-2 滨海新区空间结构示意图

村水厂、开发区水厂和新区水厂的输水管线已完工，为了充分利用现有工程，所以部分淡化水仍供给居民生活用水。因此，滨海新区未来淡化水主要以供应工业企业用水为主，居民生活用水为辅。

9.4.3.2 海水淡化厂布局规划

1. 规划原则

海水淡化厂的规划布局，坚持"以需定供、资源最大化利用、节约成本"的原则。

（1）以需定供，依据《天津市滨海新区城市总体规划》中预测的对海水淡化水的需求，合理确定淡化水厂规模。

（2）资源最大化利用，充分利用现有工程，最大化利用现状的海水淡化厂及供水管网，避免造成资源浪费。

图 9-3 滨海新区工业分布图

（3）节约成本，结合产业布局，合理规划新建的海水淡化厂，延长海水淡化产业链，采用循环经济模式，降低生产成本，且将淡化水厂设置在用水负荷中心，降低输水成本。

2. 规划布局

依据上述原则，合理规划滨海新区海水淡化厂：

（1）保留现状大港电厂海水淡化厂，但其为企业内部自用，不参与整个水资源配置。

（2）扩建北疆电厂海水淡化厂、新泉海水淡化厂。北疆电厂海水淡化厂是北疆电厂循环经济的一部分，采用"热电水盐"联产发展模式，与其他淡化水工程相比较，生产成本较低。因此，在现状产水能力为 20 万 t/d 的基础上将其扩建，规划产水能力为 50 万 t/d，主要供水范围为滨海新区北部宜居旅游片区、滨海新区核心区、东疆港和临港工业区。

新泉海水淡化厂进水是大港电厂冷却水，进水水温较高，降低反渗透工艺耗能量，降低生产成本，且该厂位于大港，方便为大港石化产业区的高耗水企业工业供水。因此，在现状产水能力为 10 万 t/d 的基础上将其扩建，规划产水能力 16 万 t/d，主要供给天津大港石化产业园区。

（3）新建南港工业区海水淡化厂。结合规划南港热电厂，在南港工业区内规划一座海水淡化厂，采用循环经济、联产联用的模式，降低生产成本；同时，南港工业区规划有许多高耗水企业，可以保证淡化水拥有稳定的用户。因此，在南港工业区内规划一座产水能力为 20 万 t/d 的海水淡化厂，主要向南港工业区供水。到 2020 年，滨海新区共规划 3 座海水淡化厂（图 9-4），总规模达到 86 万 m³/d。

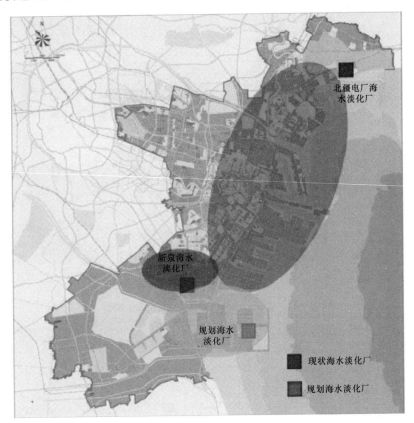

图 9-4 滨海新区海水淡化厂规划布局及服务范围

9.4.3.3 淡化水供水管网规划

1. 规划原则

淡化水供水管网规划，考虑遵循以下原则：

（1）海水淡化水与自来水水质有所不同，为了避免两种供水系统互相影响，淡化水供应宜采用专用输水管网系统。

（2）与自来水供水系统同理，为了保证整个新区的淡化水供应安全可靠，淡化水厂之间联网，形成新区淡化水供应网。

（3）为了应对应急突发事件的发生，淡化水输水系统应与市政供水系统进行相应的衔接，这样可以在淡化水供应出现故障时，接入市政供水系统，保证用户用水的稳定。

2. 规划布局

滨海新区淡化水供应形成的管网布局如下（图9-5）：

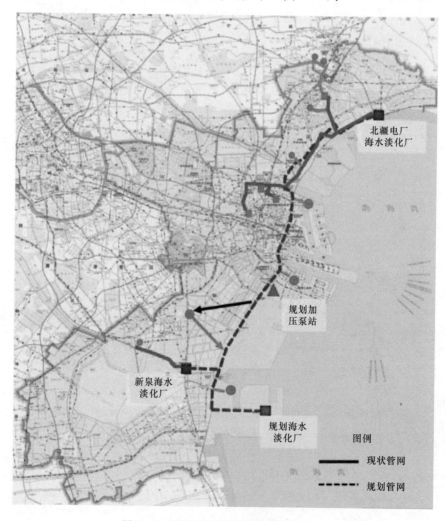

图9-5 滨海新区淡化水供水管网布局

（1）淡化水厂联网：沿海滨大道规划一根联通 3 座海水淡化厂的主干输水专用管道，途中经规划加压泵站提升，向周边企业用户供水。

（2）淡化水网与市政水网互通：要求淡化水专用管道与市政给水管道联通，一方面在水资源紧缺时，淡化水可以补充城市生活用水；另一方面，在淡化水供应出现故障时，可以用市政自来水应急，保证城市供水安全可靠。

届时，整个滨海新区沿海形成以工业专用为主，市政为辅的淡化水利用模式。

第 10 章

我国海水淡化产业区域
发展分析

10.1 浙江省海水淡化发展分析

1. 浙江海水淡化产业发展状况

浙江省已建成的海水淡化装置主要分布在舟山、台州、温州和宁波等沿海地区及海岛（表 10-1），淡化水已成为主要海岛和沿海部分缺水地区淡水资源的重要补充。与跨区域引调水等措施相比，海水淡化受时空和气候影响较小，占用土地面积少，建设周期短，规模灵活，供水稳定，有利于保护环境和资源的可持续利用。

表 10-1　　　　浙江地区主要海水淡化工程（反渗透工艺）

时间/年	工 程 名 称	规模/(t/d)
2000	浙江舟山市嵊泗县本岛Ⅰ期海水淡化工程	1000
2002	浙江舟山市嵊泗县本岛Ⅱ期海水淡化工程	600
2003	浙江舟山市岱山县衢州岛Ⅰ期二套海水淡化工程	2500
	浙江舟山市岱山县大鱼山岛海水淡化装置	5
	浙江舟山市普陀区六横岛Ⅰ期首套海水淡化工程	10000
2004	浙江舟山市嵊泗县本岛Ⅲ期海水淡化工程	1000
2005	浙江舟山市嵊泗县大洋山镇Ⅰ期海水淡化工程	1000
	浙江舟山市岱山县本岛Ⅰ期海水淡化工程	2000
	浙江舟山市普陀区虾峙岛Ⅰ期海水淡化工程	300
2006	浙江舟山市嵊泗县本岛Ⅳ期海水淡化工程	2000
	浙江台州市玉环华能电厂海水淡化工程	35000
2007	浙江舟山市嵊泗县嵊山镇海水淡化工程	500
	浙江舟山市嵊泗县大洋山镇Ⅱ期海水淡化工程	1000
	浙江舟山市岱山县本岛Ⅱ期海水淡化工程	3000
	浙江温州市乐清电厂海水淡化工程	21600
	浙江温州市水产养殖洞头基地海水淡化装置	20
2008	浙江舟山市岱山县长涂海水淡化工程	5000
	浙江台州市玉环县鸡山岛海水淡化工程	10000

续表

时间/年	工　程　名　称	规模/(t/d)
2009	浙江舟山市嵊泗县枸杞乡海水淡化工程	1000
	浙江舟山市岱山县衢州岛Ⅰ期首套海水淡化工程	2500
	浙江舟山市岱山县秀州岛Ⅰ期海水淡化工程	3000
	浙江舟山市普陀区虾峙岛Ⅱ期海水淡化工程	300
	浙江舟山市普陀区东极镇海水淡化装置	150
	浙江温州市洞头县大瞿岛海水淡化装置	50
2010	浙江舟山市嵊泗县本岛Ⅴ期海水淡化工程	4000
2011	浙江舟山市普陀区六横岛Ⅰ期二套海水淡化工程	10000
2012	浙江舟山市普陀区洛迦山海水淡化装置	120
2014	浙江舟山市普陀区六横岛Ⅱ期首套海水淡化工程	12500

2. 浙江海水淡化发展有利条件

浙江省具有国内一流的海水淡化科研和装备制造实力，拥有杭州水处理技术研究开发中心、浙江大学等一批海水淡化专业研发机构和包括中国工程院院士的一大批专业技术人才，"海水淡化膜技术应用创新团队"为浙江省首批重点创新团队，浙江省海水淡化产业技术创新战略联盟和浙江省海水淡化技术研究重点实验室已批准建立。已掌握具有自主知识产权、达到国际先进水平的万立方米级反渗透膜法海水淡化装置成套制造技术。反渗透膜法技术已在水循环利用、特种分离、特种水生产等领域广泛应用。已培育了一批具有竞争力的装备制造、工程设计建设和原材料生产企业。据统计，杭州、湖州、宁波、温州、嘉兴、绍兴、台州等市涉及海水淡化装备和原材料制造的企业有 200 余家。

3. 浙江海水淡化发展主要问题

浙江的海水淡化产业发展面临众多挑战，主要表现在：缺乏从战略高度充分认识海水淡化的重要性和紧迫性，海水淡化技术装备研发和制造水平与国际先进水平相比还有较大差距；尚未将淡化水纳入水资源保障体系，尚未真正建立体现水资源短缺的合理的水价形成机制；尚未制订充分体现海水淡化产业属性、特点和发展要求的专项政策。面对国家推动海水淡化产业加快发展的重要机遇，与海水淡化产业发展较好的兄弟省份相比，浙江省在思想认识、产业引导和政策扶持等方面的准备还不够充分。这些制约因素和问题如果不引起足够重视并认真解决，浙江省可能会错失经过多年积累形成的在海水淡化领域的比较优势和重要发展机遇。

4. 杭州水处理中心承建我国最大海水淡化项目

北控阿科凌曹妃甸海水淡化项目是北京控股集团在曹妃甸建设海水淡化产业发展基地的起步工程。据了解，该项目总投资约 4.3 亿元，由北控阿科凌海水淡化有限公司和北控阿科凌曹妃甸水务投资有限公司各持有项目公司 50％的股权。在经过国际竞标后，中国化工集团公司下属的杭州水处理中心胜出成为总承包单位。

5. 浙江海水淡化产业规划分析

浙江省海水淡化产业发展"十二五"规划指出：到 2015 年，建成杭州国家级海水淡化产业基地，巩固以膜法海水淡化技术为主的技术研发、工程设计建设和咨询、装备制造、原材料生产等能力引领全国发展的地位，参与国际竞争的能力明显增强，扶持发展若干个核心竞争力较强、国际知名的海水淡化产业龙头企业。加快组建国家海水淡化技术创新联盟、国家海水淡化产业联盟（以下简称"两个联盟"）。反渗透膜法海水淡化单机制水能力达到 2 万 m^3/d、示范装置自主创新率达到 75％以上，单位制水成本、投资和能耗在现有基础上进一步下降，海水淡化相关产业增加值突破 150 亿元，各类高性能膜年生产能力达到 260 万 m^2 以上。

6. 浙江省舟山市积极推进海水淡化产业发展

"十二五"期间，舟山市加大力度推进海水淡化重点工程的建设工作。截至目前，舟山市已建成投产海水淡化工程共计 23 个，海水淡化能力达到 12 万 t/d。目前舟山市海水淡化工程的装备国产化率不断提高，且逐步形成政府主导，国有企业和优质民营企业共同参与的多元化投资和建设环境。淡化水的用途，除为市政用水提供服务以外，也为工业、旅游、物流等产业发展提供支撑。

舟山市编制完成了《舟山市海水淡化产业化发展试点城市实施方案》。在方案的指导下，以"一城五岛"为布局重点，组织搭建相关海水淡化示范化平台，整体规划舟山市海水淡化产业发展。同时，结合当地特点和产业经验，多次组织开展海水淡化相关课题研究，形成的研究成果为国家/省级政策建议提供依据。在扩大生产规模的同时，舟山市以先进项目为示范带头，积极探索浓海水淡化、新能源互补等更加节能、低碳、高效的生产模式。

未来，舟山市将继续明确海水淡化作为解决水资源紧缺战略决策的定位，不断完善重点项目及示范平台的建设，统筹管理，加强宣传，持续推进海水淡化产业发展试点城市建设。

10.2　山东省海水淡化发展分析

1. 山东海水利用状况

山东主要海水淡化工程见表 10-2。

表 10-2　山东主要海水淡化工程

工　程　名　称	规模/(t/d)	工　艺
山东青岛黄岛电厂海水淡化工程	3000	MED
山东青岛黄岛电厂海水淡化Ⅰ期工程	3000	RO
山东烟台打捞局船用海水淡化装置	3500	RO
山东威海荣成石岛海水淡化工程	5000	RO
山东青岛百发海水淡化有限公司	100000	RO
山东青岛黄岛电厂海水淡化Ⅱ期工程	10000	RO
山东青岛电厂海水淡化工程	8600	RO
山东青岛碱业海水淡化Ⅰ期工程	10000	RO
山东华能威海电厂海水淡化Ⅱ期工程	8000	RO
山东华电莱州电厂海水淡化工程	8000	RO

2. 国家级海水淡化产业园落户蓝谷

青岛蓝谷海水淡化产业园及装备制造基地项目，正式签约落户青岛蓝谷。根据协议，上海巴安水务股份有限公司、青岛水务集团、贵州水务股份有限公司和德国 ITN 公司，将在蓝谷区域内共同投资建设先进装备海水淡化产业园，共同打造国家级海水淡化产业园及装备制造基地。

据悉，海水淡化和综合利用是青岛蓝谷八大涉海科研产业发展方向之一。为发挥蓝谷在海水淡化科研和产业领域的引领和示范作用，蓝谷已经启动了集海水淡化技术研发、科学实验、应急调峰、战略备用、科普展示等多项功能为一体的开放性综合海水淡化示范项目建设计划，已同青岛水务集团有限公司、国家海洋局天津海水淡化与综合利用研究所、中国水利企业协会脱盐分会等企事业单位签署多项合作协议，集聚了中国船舶重工集团公司第七二五研究所、天津大学海洋工程研究院、中国海洋大学、河北工业大学、河海大学等国内海水综合利用行业的科研力量。这次签约的上海巴安水务、德国 ITN 公司等国内外知名企业也参与到共筑蓝谷海水淡化事业的队伍当中。

近年来，青岛蓝谷成功集聚了青岛海洋科学与技术国家实验室、国家深海基地、国家海洋设备质检中心等 16 家"国字号"科研机构，山东大学青岛校区、中央美术学院青岛创新园、天津大学青岛海洋工程研究院等 18 家高等院校设立校区、研究院或创新园，250 余家科技型企业纷纷入驻，教育、医疗、文化基础设施全面展开，蓝谷的城市功能持续完善，文化品位逐步提升，成为全国第五个科技兴海产业示范基地，发展规划获得国家发改委、工信部、科技部、教育部、海洋局联合批复，"建设青岛蓝谷等海洋经济发展示范区"被列入国家"十三五"规划纲要。

3. 青岛蓝谷投建 10 万 t 海水淡化项目

2017 年年底，青岛蓝谷新区的居民将喝上淡化海水。2016 年 10 月 17日，青岛蓝谷海水淡化产业园及装备制造基地项目签约仪式暨德国 ITN 公司投资洽谈会在青岛举行。据了解，在青岛蓝色硅谷海水淡化产业示范基地内，将建设总规模达 10 万 t 的反渗透海水淡化示范工程，一期工程 2017 年年底投入使用。项目建成后，将成为青岛蓝色硅谷海水淡化工程示范标杆，为蓝色硅谷新区建设乃至青岛生活、市政用水提供水资源保障。

4. 青岛市海水淡化发展规划

海水淡化装备和海洋仪器装备独具优势。青岛是国家海水淡化示范城市和产业化基地，海水淡化装备制造业具有良好的发展基础，约占全国市场份额的 10%，在海水预处理、超滤膜等领域具备一定优势，比如双瑞环境船舶压载水管理系统技术世界领先、南车华轩建有国内最先进的反渗透膜生产基地。青岛是国家海洋高技术产业基地和国家海洋监测设备产业基地，拥有国家海洋监测设备产业技术创新联盟，在国内海洋环境监测装备领域占据重要地位，在海洋水下焊接技术、海洋生态监测传感器技术等方面填补了国内空白。

10.3 天津市海水淡化发展分析

1. 天津海水淡化产业成绩显著

天津是我国最早利用海水、发展和应用海水淡化技术的沿海省份之一，科研实力雄厚，历史悠久，拥有大批涉海科研机构、高校和用海企业。早在20 世纪 70 年代末，天津市科委就组织天津大学、轻工业部制盐工业科学研究所等单位开展了热法海水淡化技术研究，并成功研制出了我国首台 100t/d 多级闪蒸海水淡化中试装置。20 世纪 80 年代，大港电厂就引进了我国第一台 2×3000t/d 多级闪蒸海水淡化装置，运转至今。1994 年，大港电厂又在引进国外装置的基础上，对其进行了技术的引进消化和吸收，研制了 1200t/d 多级闪蒸中试装置。1998 年，在满足生产用水的基础上，大港电厂海水淡化应用于居民饮用水的产品初步进入市场；2001 年，大港电厂以生产民用海水淡化产品为主的"海得润滋食品有限公司"注册成立，公司配备了全自动消毒、清洗、罐装生产线，形成了每天上万桶的桶装水生产能力，成为当时华北乃至全国最大的一家海水纯净水厂。

近年来，天津市在海水淡化方面取得多项技术成果、产业发展迅速，综合实力大幅提升，在国内处于领先地位。先后建成了塘沽 1000t/d 反渗透海水淡化工程、开发区 1 万 t/d 低温多效海水淡化工程、北疆电厂 10 万 t/d 低温多效海水淡化工程、大港新泉 10 万 t/d 海水淡化工程等 4 座海水淡化厂，其中大港新泉（10 万 t/d）和北疆电厂（10 万 t/d）所采用的淡化技术，是国内各自领域最大的已投产工程。截至目前，天津市海水淡化装机规模已达 21.7 万 t/d，占全国的 32%，居全国首位。国际上三大主流海水淡化技术在天津均有工程实例，是国内掌握海水淡化技术最全面的城市。

特别是北疆发电厂循环经济项目是我国首个大规模对社会供水的海水淡化项目，规划日产淡化水 60 万 t，一期日产 10 万 t 项目于 2009 年 12 月全部投产，并于 2010 年 10 月正式进入汉沽区市政管网。同时，北疆电厂项目与长芦汉沽盐场合作，采用"发电——海水淡化——浓海水制盐——土地节约整理——废弃物资源化再利用"的循环经济运营模式，最大化利用海水资源，实行零排放，实现海水淡化综合利用的循环可持续发展，成为全国海水淡化产业发展的典范。

2. 滨海新区海水淡化实现产业链全循环

由国家海洋局天津海水淡化与综合利用研究所负责整体实施的国家海洋局天津临港海水淡化与综合利用示范基地（以下简称"基地"）项目，于 2016 年 6 月底开工建设，2017 年年底主体竣工。该基地将成为国内海水利用领域最权威的智库和信息发布者，其中，在水质方面的检测能力将与国际接轨。

目前，天津市几乎整个海水淡化产业都在滨海新区。新区每天生产淡化水的能力已位居全国第一，实现了污水零排放和产业链的全循环，把原材料"吃干榨净"。在海水淡化的过程中，新区不仅仅拥有单个企业的内循环案例，更是拥有功能区内部循环的案例。

（1）"内循环"给企业贴上绿色标签。北疆电厂是首批国家级循环经济试点单位，也是国家超净排放试点单位，采用"发电—海水淡化—浓海水制盐—土地节约整理—废物资源化再利用"循环经济模式，将发电、供热与海水淡化、制盐、盐化工、固体废弃物综合利用等结合起来，形成了"电水盐化材"一体化的循环经济产业链，同时废弃物实现了"完全零排放"。目前，北疆电厂海水淡化产品水主要用于三个方面：①北疆电厂发电机组自用高纯水；②与自来水以一定比例进行掺混后进入新区市政管网供水；③流入中新天津生态城的市政管网，用于绿化、加速盐碱地改良、道路清洗等。目前北疆电厂的海水淡化能力已达到日产 10 万 t。

北疆电厂的海水淡化工程是循环经济的关键环节，利用发电余热进行海水淡化，相对于常规发电机组可提高 10％左右的全厂热效率。而海水淡化后的浓缩海水也未排入大海，而是就近流入汉沽盐场。由于浓缩盐水盐度比普通海水高了 1 倍，大大提高了制盐效率。浓海水制盐是循环经济优势的最大亮点，采用浓缩海水制盐既大大增加了原盐产量，又可以节省盐田用地，为新区提供了宝贵的土地资源。制盐母液进入化工生产程序，生产溴素、氯化钾、氯化镁、硫酸镁等市场紧缺的化工产品。至此，海水被"吃干榨净"，实现零排放。值得一提的是，北疆电厂发电环节产生的粉煤灰等废弃物也被回收利用起来，通过与"近邻"天津化工厂合作，研制生产出新型建筑材料，既消化了电石废渣，又提升了环境质量。

（2）企业间的全产业链循环。如果说北疆电厂形成了"企业内部循环"，近年来也非常重视海水淡化项目的引进与规模化发展的临港经济区则形成了"企业间循环产业链"。而在临港构筑完整的海水淡化产业链条方面，落户在临港经济区的天津滨瀚海水淡化有限公司表现最为突出。

据了解，天津滨瀚海水淡化有限公司自主研发的海水综合利用零排放技术突破了传统海水淡化的技术瓶颈，通过脱硬预处理、高温多效蒸发淡化处理等，提高了淡水回收率，最终得到淡水及高 TDS 的浓盐水，并将海水中的多种离子转化为碳酸钙、氢氧化镁、硫酸钾、溴素等高附加值化工产品，使海水中的可用资源得到充分利用，成功实现了海水利用的零排放。目前，滨瀚海水淡化有限公司除了自己生产纯净水之外，还与同在临港经济区的华能电厂签署了供水协议，滨瀚海水淡化有限公司每天接收华能电厂排放的冷却循环浓海水 10000t，每天供应华能电厂 9000t 淡水。而该项目生产出的氯化钠等高品质固体盐则供应临港经济区的天津碱厂、LG 大沽化工厂，此外，该公司还与滨达燃气公司签署了供气协议。如此一来，每一滴流入临港经济区的海水，经过这些产业链中的上下游企业的循环利用，基本能"吸尽"蕴藏的全部"宝藏"。

值得一提的是，位于临港经济区的国家海洋局天津临港海水淡化与综合利用示范基地项目即将于 2016 年 6 月底开工建设，该项目将建设海水淡化与综合利用创新服务平台、国家海水利用工程技术研究中心等，通过基地建设，将全面提升我国海水淡化与综合利用科技创新能力，掌握国际领先技术，构建世界一流的创新体系，成为世界海水淡化与综合利用技术的创新引擎。通过基地建设，将全面提升我国海水淡化与综合利用科技创新能力，掌握国际领先技术，构建世界一流的创新体系，成为世界海水淡化与综合利用技术的创新引擎。同时，临港经济区以科技创新驱动产业发展，以基地为中心，集聚海水淡化及相关产业，形成产值千亿元的产业链群，成为国际海水淡化与综合利用的产业高地，打造国家海水淡化与综合利用的科技研发领航区、创新驱动示范区、装备制造集聚区和开放合作先导区。

3. 天津市海水淡化工程项目情况

天津市主要海水淡化工程见表 10 - 3。

表 10 - 3　　　　　　　　天津市主要海水淡化工程

工 程 名 称	规模/(t/d)	工艺
天津大港电厂海水淡化工程	6000	MSF
天津海水淡化示范工程	1000	RO
天津开发区新水源海水淡化工程	10000	MED
天津北疆电厂Ⅰ期第二批海水淡化工程	100000	MED
天津港中煤华能煤码头有限公司海水淡化装置	240	RO
天津大港新泉海水淡化工程	100000	RO
天津北疆电厂Ⅰ期第一批海水淡化工程	100000	MED

4. 天津大港海水淡化项目竣工

新加坡凯发集团与大港区签订协议，在该区海洋石化园区内建设一个日处理能力为 15 万 t 的海水淡化厂，以满足落户大港区工业项目的用水问题，缓解区域用水紧张状况。

5. 天津海水淡化工业发展目标

根据《天津市海水资源综合利用循环经济发展专项规划（2015—2020年）》，到 2020 年，天津市海水淡化规模达到 60 万 t/d，海水淡化工程产能利用率提高到 70％，直接利用海水量 20 亿 t/a。规划指出，将建设临港工业区海水淡化工程，规划产水能力 6 万 t/d；扩建新泉海水淡化工程，规划产水能力 4 万 t/d。此外，规划还提出，以科技创新驱动产业集聚，建设滨海新区临港经济区海水淡化与综合利用创新及产业化基地，形成占地 500 亩的"科技创新示范区"和占地 5km² 的"产业集聚区"，打造成为国家海水淡化与综合利用科技创新领航区、海洋经济创新驱动产业发展示范区、国际先进海水淡化与综合利用装备制造聚集区和海水淡化与综合利用国际开放合作先导区。

6. 滨海新区海水淡化发展措施

天津市海洋局相关负责人表示，未来滨海新区将重点发展海水淡化与综合利用工程及装备制造业。北部，完善北疆电厂海水淡化工程，充分利用现有海水淡化工程规模，扩大供水规模和范围，充分释放剩余产能，形成全国海水淡化供水试点；开展自主创新技术示范，建设具有自主知识产权的海水淡化示范工程；根据北京需求，结合北疆电厂Ⅱ期建设海水淡化进京工程；继续深化实践"发电—海水淡化—浓海水制盐—土地节约整理—废物资源化再利用"的循环经济发展模式，实现资源利用最大化、废物排放最小化、经济效益最优化。中部，依托临港经济区建设海水淡化与综合利用创新及产业化基地，以科技创新驱动产业集聚，构建一条"海水淡化相关材料和装备加工制造—海水淡化工程与服务—浓海水高值化利用"的循环经济产业链，形成海水淡化与综合利用技术创新引擎和产业集聚中心。南部，建设南港工业区先达海水淡化及综合利用一体化基地。充分考虑南港工业区对于工业用水的大量需求，扩大海水淡化工程规模。建设面对工业用户的一对一供水系统，发展以电厂冷却为主要形式的海水直接利用，形成海水淡化与海水直接利用产业化应用示范区。

7. 整体投资高达 150 亿元的海水淡化项目落户天津南港

2016 年 11 月 3 日先达（天津）海水资源开发有限公司和天津南港工业区签署协议，前者将投入 55 亿元在天津南港工业区建设海水淡化及工业制盐一体化项目。该项目整体投资高达 150 亿元，55 亿元仅为一期投资额。项目将于 2017 年开工，2019 年开始供水。这是中国首个"零排放"海水淡化项目，在满足周边工业区用水、工业盐及化学用品需求的同时，还可以实现对海洋生态环境的保护。

作为天津南港工业区公用工程配套的重要部分，项目建成投产后将生产净化海水、淡化水、去离子水等多种水产品。在淡化水生产过程中产生的浓盐水，还将以工厂化的方式用于生产盐并提取化学用品。

南港工业区是天津经济技术开发区于 2009 年开始投资建设的石油重化工产业区域，位于天津滨海新区南部海边。天津先达投资的"海水淡化及工业制盐一体化项目"可为在南港工业区落户的石油重化工项目就近提供多种工业用水与基本原料,同时可置换出约 $300km^2$ 的盐田用地,提高国土资源的有效附加值利用。这对于有效解决天津市长久以来面临的淡水资源短缺矛盾,突破制约重化工产业发展的瓶颈,并为探索滨海新区盐田置换、中部新城规划实施提供了条件。

　　该项目有助于加快天津滨海新区的经济发展和城镇化建设,同时保证南港经济发展的水、盐需求。该项目在一个独具特色的工程工艺中将各种技术结合,并使其具有商业可行性,从而创造出优于常规海水淡化项目的经济回报,同时展示了其环境友好型的特色。

第 11 章

国际海水淡化企业状况

11.1 法国威立雅

在全球，威立雅帮助众多城市和企业管理、优化及充分利用资源。威立雅提供与水务、能源及材料相关的一系列解决方案，推动向循环经济的转变。威立雅帮助公共及私营部门的客户提高其可持续发展绩效，让客户在追求发展的同时保护好环境。威立雅在中国业务发展强劲，其废弃物管理、水务及能源活动是中国环境服务及可持续发展的关键，其中包括节约资源、保护环境、循环利用和可持续的经济及社会发展等。威立雅于 2006 年进入阿曼市场，拥有 100 多名员工并参与多个项目，集团宣布扩建位于马斯喀特西南 160km 处的苏尔海水淡化厂，投产后该厂将为近 60 万居民提供饮用水。

11.2 新加坡凯发集团

新加坡凯发有限公司（Hyflux）是全球最佳水工业企业，创立于 1989 年，前身是一家在新加坡、马来西亚、印尼等地销售水处理系统的贸易公司——凯发（Hyflux）。凯发有限公司于 2001 年 1 月成为首家在新加坡交易所上市的水公司，并自 2005 年 3 月起，成为海峡时报指数的指数股（index stock）。凯发集团 2011 年标得新加坡第二个也是当时最大的海水淡化厂的设计、建造、拥有和经营权，执照期达 25 年，连同为淡化厂供电的新发电厂，这个项目总成本达 8.9 亿元。该项目坐落在大士地区，将在今年第四季开始兴建，预期 2013 年落成启用，到时每天可增添 31.85 万 m^3 供水。凯发公司负责建设和运维非洲规模最大的海水淡化厂——淡水产能为 50 万 m^3/d 的阿尔及利亚马格塔，该工程配有世界上最大的超滤预处理设施，项目于 2014 年底正式投运。

11.3 以色列 IDE 技术有限公司

以色列 IDE 技术有限公司为以色列化工集团子公司，是国际著名的海水淡化企业，凭借其设备投资省、能量消耗低、建造周期短等诸多的优势，发展迅速，在世界范围内承建了 370 多家海水淡化厂（表 11-1）。

表 11 - 1　　　　　　　　　　IDE 公司海水淡化设备全球业绩

项目名称	卡尔斯巴德项目	索莱克项目	吉吉拉特邦信实项目	普雷斯顿角项目	海德拉项目
产水量/(m³/d)	204412	624000	160000	140000	525000
技术	反渗透	反渗透	多效蒸馏	反渗透	反渗透
项目类型	设计、采购、施工（EPC）＋运营与维护（O&M）	建设、经营、转让（BOT）	设计、采购、施工（EPC）	设计、采购、施工和支持服务（EPC&S）	建设、经营、转让（BOT）
地点	加州卡尔斯巴德市恩西纳（Encina）电站	以色列索莱克	印度吉吉拉特邦贾姆纳格尔	澳大利亚西澳大利亚州普雷斯顿角	以色列海德拉市
占地面积	约 5.5 英亩	100000m²		540000m²	
投产时间/年	2015	2013	1998，2005，2008	2013	2009
说明	西半球最大的海水淡化厂，使美国的海水淡化产业彻底改观	全球最大、最先进的海水反渗透淡化工厂	印度最大的海水淡化厂	首座预组装的大型海水淡化厂	海水淡化产业的旗舰工程

　　IDE 公司于 2009 年承接当时国内最大的海水淡化建设项目，与天津国投津能发电有限公司合作，为国投北疆发电厂海水淡化项目一期建造日产 10 万 t 的低温多效海水淡化装置项目。2011 年项目竣工投产，是全国已建成最大的海水淡化项目，也是我国第一个向社会供水的大型海水淡化项目。

11.4　德国普罗名特流体控制有限公司

　　德国普罗名特流体控制有限公司（ProMinent Dosiertechnik GmbH）是一家在全球拥有 55 个子公司和 60 多个授权的当地代理商的企业集团，公司总部设在德国的海德堡市。其主要业务活动集中在：工业过程中各种化学药品的精密计量、定量添加和实时控制；各种水处理成套设备的研发、生产和工程实施。普罗名特海水淡化设备分为工厂式（户内安装型）和集装箱式（户外安装型：固定安装或移动安装）。从 20 世纪 70 年代起，普罗名特公司就开始致力于海水淡化技术推广、产品化和工程实施，并于 1999 年末进入中国。该公司将德国总部多年来在世界各地积累的海水淡化技术及丰富的工程经验，根据中国的具体国情和沿海海水水质情况，对关键技术和设备进行了本土化，开发出适合中国国情的海水淡化技术，因地制宜地保证在各种条件下取得最佳的效果（表11-2）。其产出的淡水可达到世界卫生组织（WHO）规定的饮用水水质标准，可供直接饮用，也可深度处理后作为工业用纯水，用于电力及能源行业。普罗名特海水淡化技术已逐步涉入更宽广的应用领域，诸如将海水进行部分淡化处理后浇灌草地，节约了大量淡水资源，成本又低于污水深度处理。此外，现在很多沿海城市都已建造或正在建造人造滑雪场、高尔夫球场等，维持这些场所的运营需要消耗大量的淡水。在政府部门的政策性支持下，这些问题都可以通过海水淡化经济地解决。这些方面普罗名特公司已具有技术先进、经济可行的成熟技术和成功的应用经验。

表 11-2 　　　　德国普罗名特流体控制公司在我国的业绩

典型工程	用户名称	淡水规模 /(m³/d)	投运时间 /年
长海县海水淡化项目一期改造和二期扩建工程	长海县自来水公司	1500	2001
嵊泗县海水淡化第二期工程	嵊泗自来水公司海水淡化厂	600	2002
大连港海水淡化工程	大连港务局	1200	2004
刘公岛	威海水务	200	2006
也门 Ras Issa 炼油厂集装箱式海水淡化	中油吉林化建工程股份有限公司	1500	2007
海洋石油 298 海水淡化设备更新改造项目	中海油能源发展股份有限公司	100	2008
永兴岛海水淡化系统设备	海南省西南中沙渔业补给基地及西沙永兴岛陆岛交通码头	100	2008
车载式海水淡化反渗透设备	通用电气实业（上海）有限公司	8×1152	2008
马绍尔群岛	—	360	2009
毛里塔尼亚配套海水淡化设备	中交一航局第一工程有限公司	400	2010
厄立特里亚水泥厂项目配套海水淡化设备	新时代国际工程公司	2×600	2010
苏丹码头项目集装箱海水淡化装置	中国港湾工程有限责任公司	100	2011

11.5　巴安水务

　　上海巴安水务股份有限公司（以下简称巴安水务）是深交所上市公司，公司主营业务涵盖工业水处理、市政水处理、固体废弃物处理、天然气调压站与分布式能源四大板块，是一家专业从事环保能源领域的智能化、全方位技术解决方案服务商。巴安水务秉承以市政板块为基础，以工业和固废为两翼，以天然气为补充的一体化战略方针，具体体现为环保能源领域技术研发、系统设计、系统集成、系统安装、调试、EPC 交钥匙工程和 BT、BOT 工程项目等。巴安水务多年来形成了"多技术路线、多产品类型、多行业应用"的经营模式，公司坚守"在发展中聚焦，在守成中创新"的发展原则，秉持"深耕水务事业，改善我们的环境"的理念。

科技创新是推动巴安水务发展的主要驱动力，它是上海市院士工作站和国家人力资源和社会保障部颁发的博士后企业工作站。巴安水务是《石灰乳液自动配制成套装置》的国家化工行业标准的制定者，也是《电去离子纯水制备装置》的国家标准制定者之一。巴安水务一直坚持以技术创新为核心发展战略，并致力于新技术和升级替代型技术的产业化推广和应用。巴安水务通过独立自主研发已经形成了饮用水深度处理技术、污泥薄层干化技术、污水深度处理技术、高浓度难降解有机废水处理技术、天然气调压站技术、分布式能源、油水分离技术、污水深度处理及回用的石灰配制技术、微滤成膜技术等创新性水处理技术，且每一次新技术的推广都带动了公司业务的快速增长：凭借技术创新优势，巴安水务目前在多项技术领域处于行业领先水平。

巴安水务借助 KWI、瑞士水务、ItN 等渠道资源，逐步布局海外市场，国内外海水淡化业务齐头并进，或成公司的重要突破点。《美国 MIT 科技评论》评出的 2016 年"全球最聪明的 50 家公司"，以色列 IDETechnologies 公司排名第 19，以表彰他们在世界范围内为大型海水淡化技术装备提供的技术解决方案。巴安水务将完成瑞士水务新建海水淡化项目的设计、采购以及现场调试等工作，协同效应巨大。从战略上看，瑞士水务在沙特、阿曼、埃及、阿联酋以及北非地区等有 15 个代表机构，有着良好的市场根基，市场开拓能力较强。

第 12 章

我国海水淡化行业投资分析

12.1 行业投资风险分析

12.1.1 政策和体制风险

从很多新兴产业走过的路径可以看出，众多产业从起初的快速发展很快进入下行通道，一个重要的原因就是产业技术标准体系的缺失，而一旦错失产业初创阶段的良机，行业标准的制定及落实工作就会变得复杂且不力。从海水淡化产业性质来看，其长期发展的主动力之一是政策推动，属于政策主导型产业，这就决定了海水淡化如同污水处理、节能减排等诸多节能环保产业门类一样，需要政府适时出台财税支持政策。目前，最紧迫的政策支持恐怕莫过于设立财政专项基金，为目前陷入亏损的海水淡化企业提供补贴。政府有关部门已明确提出一系列扶持海水淡化产业发展的政策措施，如加大中央预算内投资、研究制定相关法律法规、严格海水淡化审批制度等，期待能够出台更进一步的实施细则，让海水淡化产业能够更好更快地发展。

12.1.2 市场竞争风险

目前，国内的生活、工业和农业用水需求，主要通过地表水或地下水满足。当淡水需求继续增长时，政府就会将关注点转向水库引水、调水、限制用水需求、节约用水、污水处理回用、雨水和微咸水开发利用等水源，或提高现有水源的用水效率，而不是选择海水淡化。目前海水淡化的成本还是高于上述水源，无法与其竞争，但随着技术的不断进步以及政策支持的升级，海水淡化前景可期。

12.1.3 技术发展风险

技术风险是指企业的技术进步或技术应用效果发生变动而使企业发生损失的可能性。一方面，公众对海水淡化水作为饮用水的需求不强烈；另一方面，我国海水淡化水作为饮用水没有完善的检测技术和标准体系，在市政规划中也没有为海水淡化水建设专门的管网，作为饮用水还存在风险。反渗透膜法海水淡化项目施工中的具体技术风险主要如下：

1. 接触海水的海水淡化设备的材质选择

由于海水淡化的介质是具有腐蚀性的海水，所以工程所用材料的选择要有别于一般的水处理项目，特别是项目中与海水直接接触的钢筋混凝土结构，如取水设施、预处理设施、各种水池等。由于构筑物内部、外部都处于海水腐蚀性介质环境，对混凝土和内部钢筋具有腐蚀性。为提高构筑物的耐久性，应在混凝土内添加耐海水腐蚀的 RMA 防腐剂；与海水相接触的混凝土内表面，涂刷耐海水的防腐涂料；混凝土内钢筋涂刷钢筋除锈剂；池内与海水接触的金属件均采用高合金双相不锈钢 S32205（ASTM），非金属材料采用 FRP 玻璃纤维增强塑料、乙丙共聚工程塑料、UPVC 和 EPDM 橡胶等耐海水腐蚀的材料。所有设备、螺栓、钢结构厂房等也要注意防腐，因为海水淡化选址在临海区域，空气中也有含盐的腐蚀性物质。

2. 构筑物防水套管密封处理技术

海水淡化项目的许多构筑物，如水池、絮凝沉淀池、水泵房等设施需要用防水套管结构来解决各种管道穿墙问题，这样就带来防水套管的密封问题，按照中国建筑标准设计研究院出版的防水套管图集 02S404 的要求，存在如下问题：①由于输水管道和穿墙钢制套管存在制造误差，造成实际施工过程中输水管道和穿墙钢制套管之间的密封间隙偏小，无法按照图集要求填打石棉水泥等密封材料；②由于墙体厚度超过 500mm，使用工具填打石棉水泥等密封材料时无法密封严密；③普通的石棉水泥不能长时间耐海水腐蚀。在实际施工中，海水淡化项目各种构筑物的防水套管密封应采用耐海水、耐老化的无毒材料，在输水管道和穿墙钢制套管之间的迎水、背水面的各环形管，通常安放规格 20mm×30mm 的两道膨胀橡胶。在膨胀橡胶外面用速凝水不漏密封材料埋设铝合金止水灌浆针头，位置在防水套管底部。在迎水、背水面两道膨胀橡胶之间，选用加入助剂的氰凝 TPT 灌浆材料通过铝合金止水灌浆针头高压注射化学浆料，直至防水套管顶部流浆为止。最后，去掉灌浆针头完成密封工作。这样就避免了防水套管的密封不严和密封材料不耐海水腐蚀的风险。

12.1.4　投资风险

在建设期，由于货币政策、利率风险、通货膨胀、资本市场融资成本增加等财务风险，如果投资资金不能及时到位，将致使生产筹备工作无法按期进行，从而延长生产建设周期。企业在同政府项目谈判过程中，应当谋求政府支持，有些问题政府如果不愿意让步，企业可以邀请银行一同和政府谈判，银行将政府不愿意让步的问题作为项目融资的必要条件，很大程度上可以获得政府的支持。同时，企业应加强合同管理，积极拓宽融资渠道，利用外资、债券、基金等确保投资资金及时到位，并确保投资资金按时投入到项目建设中。

在建设期和生产过程中，如果实际开支超过财务预算，造成建设资金或生产资金出现缺口，可能会使项目无法如期进行。企业应当建立严格的财务预算制度，严格控制财务支出。投资运营依赖的基础，是通过项目融资，发挥金融杠杆作用，放大资金规模，分摊、转让资金风险，谋取长远利益。企业可以通过反复小额借贷及时还款累计信誉、在政策银行拿到低息贷款、在国有大银行拿到拆息贷款、在企业类投资运营项目中开具国内信用证等手段，同银行特别是国有大银行建立信誉，建立起长期的密切合作关系，这十分关键。

12.1.5 其他风险

企业进行海水淡化项目投资通常要与当地政府达成投资协议、特许经营权协议或用水协议等，在海水淡化项目的选择和资源整合配置中国内地方政府与企业相比处于强势地位，存在"小企业、大政府"和"有问题找市长不找市场"的问题，造成签约双方关系的不对等，由于政府换届或者主管领导调离等原因，政府有可能违反或废止协议，从而给企业造成损失。

12.2 行业投资价值分析

12.2.1 行业发展的有利政策因素

2015 年，海水利用先后被列入《中共中央关于制定国民经济和社会发展第十三个五年规划的建议》《中共中央、国务院关于加快推进生态文明建设的意见》和《国务院水污染防治行动计划》等重要文件中。在《国家发展改革委、外交部、商务部推动共建丝绸之路经济带和 21 世纪海上丝绸之路的愿景与行动》中，海水淡化被列为 21 世纪海上丝绸之路合作的重点领域。此外，在《科技部、环境保护部、住房城乡建设部、水利、国家海洋局国家水安全创新工程实施方案（2015—2020 年）》（国科办社〔2015〕59 号）中也提出要"创新海水淡化产业商业模式，促进海水淡化技术、工程、服务、资本、政策等集成创新"。

沿海多个省（市）已将海水淡化作为重点领域纳入战略性新兴产业、海洋工程装备产业及水资源战略规划，包括《福建省战略性新兴产业重点产品和服务指导目录》《天津市海洋工程装备产业发展三年行动计划》《厦门市水资源战略规划（2015—2030 年）》等。天津市、青岛市黄岛区等还专门出台推进海水淡化产业发展的专项规划。其中：2015 年 5 月 3 日，天津海洋经济科学发展示范区建设领导小组印发《关于印发天津海水资源综合利用循环经济等四个专项规划的通知》（津海示范〔2015〕1 号），提出"到 2020 年，天津市海水淡化规模达到 60 万 t/d，海水淡化工程产能利用率提高到 70％，直接利用海水量 20 亿 t/a；溴素产量达到 1.8 万 t、氯化钾产量达到 10.5 万 t、氯化镁产量达到 105 万 t、硫酸镁产量达到 35.7 万 t"。2015 年 3 月 27 日，青岛西海岸新区管委会、青岛市黄岛区人民政府联合印发《关于印发青岛市黄岛区推进海水淡化产业发展工作方案的通知》（青西新管发〔2015〕13 号），提出到"2020 年，青岛市黄岛区海水淡化生产能力达到 14 万 m³/d 左右，占全区日均供水总量的 16％，对工业供水量的贡献率达到 45％以上，对海岛饮用水的贡献率达到 60％以上"。

12.2.2　行业发展空白点

"十三五"期间，海水淡化行业或将迎来爆发临界点。

（1）引入海外先进经验，增强国内海水淡化技术实力。技术进步带来的成本下降和性能上升，是推动海水淡化经济性的核心因素。依托先进技术、设计理念，以色列能做到人民币 3～4 元的吨水成本。由于技术领先、设备耗材使用寿命长，以色列吨水电耗、项目维修费、膜更换费用等运维费用显著低于国内项目。以色列还通过电水联产，显著降低单位电价。以以色列 IDE 公司为例，巴安水务等国内企业开展并购等合作方式，引入海外先进技术。

（2）政策大力支持，电改加速降低能源成本；行业正处于爆发临界点。"十三五"期间，国家将通过产业基金、降低运营成本等方式着力推动海水淡化产业发展。2013 年年底，浙江省将海水淡化用电从工业用电转为农业用电，预计吨水成本下降约 1 元。各地将出台电价优惠政策，着力保障海水淡化运营。2015 年 11 月，6 个电改配套文件出台，各地试点放开，电改加速降低能源成本。从广东省 2016 年 3 月到 5 月的交易数据来看，平均电价降幅在 0.12～0.15 元/kWh 之间。政策大力支持，用电成本下降叠加水价处于上升通道，海水淡化行业迎来爆发临界点。

12.2.3 高回报率的投资方向

巴安水务、碧水源、赛诺水务（天壕环境）等公司深入布局国内海水淡化产业链。

（1）设备耗材供应商：巴安水务生产的超滤膜、气浮系统等；津膜科技、碧水源、南方汇通、赛诺水务等生产的膜耗材；中金环境生产的海水淡化高压泵；巴安水务、双良节能生产的低温多效海水淡化系统；常康环保生产的海军舰船用反渗透海水淡化设备；联兴科技生产的中小规模海水淡化系统。

（2）工程总包分包商：巴安水务参与河北沧州渤海新区 10 万 t/d 海水淡化项目一期；北控水务参与海南三沙市永兴岛海水淡化工程等；奥美环境参与中标巴基斯坦卡西姆港燃煤应急电站项目中的海水淡化项目；天津海水淡化与综合利用研究所参与大连、辽宁等多个海水淡化项目；武汉凯迪水务参与大连红沿河核电站海水淡化项目、华润海丰电厂海水淡化工程。

（3）项目投资运营方：巴安水务参与河北沧州渤海新区 10 万 t/d 海水淡化项目一期运营；碧水源预中标青岛市董家口经济区海水淡化 PPP 项目（一期规模为 10 万 t/d）；南方汇通拟与贵州海上丝路公司在印度安得拉邦投资建设海水淡化工程。

根据联合国教科文组织的水资源数据，到 2030 年全球半数人口将在缺水的环境中生活。我国总体水形势不容乐观，洪水泛滥、干旱缺水以及水污染同时并存，水利用难度加大。水利部发布的《全国水资源综合规划》显示，到 2030 年，沿海地区年缺水量仍将达到 214 亿 m^3。从更广的视野来看，全球气候变化将在质和量两个方面加剧供水危机，未来海水淡化具有较高的投资价值。

12.3 行业发展前景分析

12.3.1 海水淡化行业市场前景

目前我国海水淡化日总产能 102.5 万 t，考虑到目前水资源匮乏的严重性及国家政策的大力推动，未来 5 年将是海水淡化发展的黄金时期，预计至 2020 年海水淡化日产量达 250 万～300 万 m^3。我国海水淡化仍处于初期阶段，未来海水淡化行业会向上游膜元件覆盖，鼓励源头技术创新，同时向下游工程一体化发展。整个膜产业链可以分成 4 个环节，即膜元件、膜组件、工程建造和运营维护。目前海水淡化领域膜技术的应用份额已经达到了 60%，正在建设之中的海水淡化工程中，也基本都采用膜技术。

12.3.2　海水淡化产业发展趋势

1. 海水淡化行业市场趋势

巴安水务收购瑞士水务股权以获得源自 IDE 的海水淡化核心技术，巴安水务以 96.7 万欧元收购德国上市公司 ItN 64% 的股权，该公司核心产品陶瓷平板膜可以用于海水淡化反渗透工艺的前端处理；天壕环境 100% 股权收购拥有 5 个海水淡化项目以及 10 余项脱盐技术的赛诺水务；中国交通建设股份有限公司报价 6.5 亿美金，约合人民币 43 亿元收购以色列著名的海水淡化国际巨头 IDE。这些企业发展海水淡化的路径并不相同，有的是通过并购引进先进技术完善产业链。有的是通过大项目迅速拓展，还有的是工业企业拓展新的利润增长点。

企业抓住海水淡化行业需求增大以及国内制盐行业高利润的契机，积极探索海水淡化的可持续发展，扩大产能满足国内不断扩大的用水需求，缓解水资源短缺问题。这也将促使本土设备制造企业核心技术水平、工程企业的系统集成能力和项目运营企业的运营能力不断提升，届时海水淡化将正式告别发展的慢车道。

2. 海水淡化行业市场空间

随着世界人口的增长和经济社会的快速发展，全球水资源危机不断加剧，海水淡化在解决全球缺水问题中发挥着越来越重要的作用。海水淡化将逐渐被更多的国家和地区所接受。同时，也将有更多的海水淡化技术提供商通过开发更加有效的抗旱解决方案实现自身的不断发展。

虽然海水淡化在包括美国、印度和中东地区在内的一些区域取得了一定的发展，但因管理不善及支持不足等因素大大影响了发展速度。此外，浓盐水处理还将是海水淡化领域一个重要挑战，需要不断实现技术突破来解决这个问题。

海水淡化受到了各国的青睐，前景广阔，有业内人士预测，2019 年全球海水淡化市场总值将从 2015 年的 117 亿美元增长至 191 亿美元，并指出到 2020 年在全球 150 多个国家运行的海水淡化项目将超过 17000 个，项目数量也将实现翻倍。

第 13 章

我国海水淡化产业发展政策建议

21世纪各海洋经济强国纷纷重视海洋科技的研究与开发，希望通过自主创新来抢占竞争的制高点。以海洋高新技术为主要特征的战略性海洋新兴产业自然成为各国争相发展的重点。为应对日趋激烈的国际竞争，实现建设海洋强国的目标，应在科学发展观的指导下，以海洋科技的自主创新为切入点，以基于生态系统的海洋综合管理为发展理念，制定我国海水淡化产业发展政策，积极推动海水淡化产业实现跨越式发展，进而带动海洋经济发展方式的转变。

13.1 海水淡化产业发展战略

我国海水淡化产业发展战略是对海水淡化产业发展的总体运筹和时空安排，它体现出海洋管理部门对海水淡化产业发展的宏观调控，同时也体现出海水淡化产业在一定时期内的发展方向。因此，需要从指导思想、发展思路、基本原则、重点任务等方面来统筹考虑，根据当下面临的任务和目标来制定海水淡化产业发展战略。

13.1.1 指导思想

面对国际海洋经济大发展和我国海洋事业大繁荣的重大机遇，我国海水淡化产业发展要站在21世纪大发展的战略高度，以科学发展观为指导，统筹考虑经济、社会和海洋的全面协调和可持续发展，紧密围绕国家社会经济发展和海洋权益对海洋产业的需求，深入贯彻"科技兴海"战略方针，提升海水淡化产业科技创新能力，使其成为海洋产业结构调整和海洋经济增长方式转变的重要推动力，将发展海水淡化产业作为全面建设小康社会的一项重要任务来完成，取得经济、社会、生态多位一体的综合效益，促进我国海洋经济可持续发展目标的实现。

13.1.2 基本思路

以生态文明观为指导，以全面建成小康社会和"五位一体"总体部署为目标，以《全国科技兴海规划纲要（2016—2020年）》《全国海洋经济发展"十三五"规划》《全国海水利用"十三五"规划》为依据，把发展海水淡化产业作为全面建成小康社会和实现海洋经济可持续发展的重要任务。要以海水淡化高新技术自主研发为核心，从注重单项技术研发，向海水淡化集成技术转变，在此基础上实现关键技术的突破和集成创新，逐步推动我国海水淡化产业技术成果的产业化，通过科技创新和示范试验，阶段性地实现我国海水淡化产业总体上接近世界先进水平，提高对海洋经济的科技贡献率，形成具有世界先进水平的技术创新体系，真正执行"科技兴海"方针，实现海水淡化产业的有序发展。

13.1.3 基本原则

1. 坚持为海洋经济发展和国家战略服务的原则

发展海水淡化产业要促进海洋经济的发展，而海洋经济发展要服务于国家发展战略。根据"十三五"规划建议中"加快转变经济发展方式"的战略决策，发展海洋新兴产业要以推动调整产业结构、转变经济发展方式为己任，综合开发利用海洋资源，发展海洋产业中具有战略意义的新兴产业，促进产业间的协调发展，改变传统的粗放型发展模式，提高海洋的综合开发利用效益。通过推动海水淡化产业的跨越式发展来振兴我国的海洋事业，为我国经济发展战略服务，更为全面建设小康社会的国家发展战略目标服务。

2. 坚持海洋科技支撑与引领的原则

科学技术是海洋事业和海洋经济发展的第一推动力。以高新技术为主要特征的海水淡化产业在发展过程中，要始终坚持科技先行，充分发挥科技的支撑与引领作用，提高海水淡化科技创新能力，完善科技创新体系，优化科技资源配置，整合海洋科技资源，扩大海水淡化产业科技人才队伍，不断提高科技支撑能力。

3. 坚持以生态系统为基础的海洋综合管理原则

目前，国际海洋政策发展趋势是加强以生态系统为基础的海洋综合管理，这是符合可持续发展要求的海洋管理新模式，要以生态系统的理念统筹考虑自然生态系统和社会经济系统的相互关系，协调产业发展过程中出现的诸多问题和矛盾，确保海水淡化产业健康发展。同时还要着眼于海洋新兴产业的整体利益，改革海洋行政管理模式，建立综合行政管理制度，处理好部门间、地方间、部门与地方间的权益纷争，保证海水淡化产业发挥出最佳效益。

4. 坚持可持续发展的原则

发展海水淡化产业要始终坚持可持续发展的原则，要妥善处理好海洋开发活动与资源环境保护的关系，遏制沿海区域海洋生态环境恶化的势头，保持海洋生态系统平衡，促进海洋经济发展方式的转变，通过海洋资源的可持续利用促进海洋经济可持续发展，为海洋可持续利用做出贡献。

5. 坚持积极参与国际合作的原则

海洋经济的发展愈加呈现出国际化的趋势，发展海水淡化产业要顺势而为，积极参与世界海洋新兴产业的国际合作。本着互利共赢的原则，在技术研发、设备使用以及人才交流等方面建立国际双边和多边合作机制，实现在海水淡化产业各个领域的国际合作，尤其是积极参与国际重大海水淡化工程的建设和研发，维护我国的海洋利益，提升在国际海洋领域的地位。

13.1.4 重点任务

在国家"十三五"发展的重要战略机遇期，坚持"重大国家需求与科学前沿相结合、基础理论研究与技术能力建设相结合、前瞻布局与科学可行相结合"的原则，按照"十三五"规划建议中"加快转变经济发展方式"的战略决策来规划我国海水淡化产业的重点任务。其具体包括以下内容：坚持把科技进步和自主创新作为海水淡化产业发展的中心环节，通过基础研究、技术开发、技术装备更新、科技成果转化、知识产权保护、国际合作与交流来推动海水淡化产业关键技术与核心技术的自主创新；通过加大政府投入、建立多层次的资本市场体系、完善银行间接融资体系、吸引外资参与等方式建立海水淡化产业多元化融资渠道；通过构建人才培养体系、加大人才引进力度、建立人才激励机制、优化人才结构来实施海水淡化产业人才战略；通过优化海水淡化产业的制度环境，建立健全海水淡化产业的法律法规来营造产业发展的政策环境。

13.2 海水淡化产业具体发展政策

在制定海水淡化产业发展战略的基础上，基于对海水淡化产业发展现状以及现有政策的分析，借鉴海洋经济发达国家在海水淡化产业发展政策上的成功经验，以科学发展观为指导，从政策环境、技术、资金、人才的不同角度入手来构建海水淡化产业的发展政策，推动我国海水淡化产业实现跨越式发展。

13.2.1　法律法规与制度环境政策

海水淡化产业的规范、有序发展，必须要有一定的法律法规和制度环境政策作为保障，要通过进一步完善海水产业发展的制度环境，建立健全海水淡化产业发展的法律法规，让市场机制发挥资源配置的基础性作用，顺利实现海水淡化产业的发展目标。

1. 进一步完善海水淡化产业发展的制度环境

（1）实施以生态系统为基础的海洋综合管理。基于生态系统的管理理念由来已久，随着世界资源环境压力的进一步增大，生态系统的理念逐步彰显出极大的适应性和优越性。在海洋产业领域，众多海洋强国也将管理方式转向了基于生态系统的海洋综合管理。进入 21 世纪以来，世界各国在实施海洋管理、发展海洋经济时更加注重构建经济、社会、环境的复合发展系统，统筹海洋管理涉及所有部分之间的关系，其中以美国的海洋政策最为明显。以生态系统为基础的海洋管理升级了传统意义上以行政边界为依据的海洋管理模式，取得了经济、社会、生态、环境多位一体的综合效益，成为各国争相采用的海洋管理方法，一定程度上昭示了未来海洋管理的大趋势。

由于沿海各国基本政治制度不同，海洋管理模式也各不相同。我国海洋管理体制是在陆地管理基础上自发形成的，由交通、渔政、环保、海事、边防、海关等多个行政部门构成。受海洋管理体制的束缚，我国海洋经济的发展长期以来也颇受"政出多门、令出多头"的困扰，海洋新兴产业由于分属不同领域也存在多头管理的问题，致使对产业事务的管理重复交叉，出现相互掣肘的现象，严重影响了海水淡化产业综合效益的发挥。为了顺应国际发展趋势，改变长期以来依据行政边界而非生态系统的管理模式，在秉承以生态系统为基础的海洋综合管理理念的前提下，应围绕海水淡化关联生态系统各组成部分之间的关系，理顺国家海洋局所属分局与地方海洋部门的关系，促使所有涉及海水淡化产业发展的部门尽职尽责、严格执行各种法律法规和行政条例，在相互协同和配合的基础上发挥海水淡化产业的整体效益。

（2）形成海水淡化产业发展的协调机制。要实现基于生态系统的海水淡化产业发展，需要建立新的国家海洋政策决策管理机制，包括加强对国家海洋事务的领导和协调，强化海洋事务管理机构，建立国家、省和其他当地利益相关实体的协调机制。秉承这种思路，实施以生态系统为基础的海水淡化产业的综合管理就需要建立相应的协调机制，统筹管理海水淡化产业发展的相关事宜，确保海水淡化产业快速协调发展。

1）全国科技兴海领导小组。《全国科技兴海规划纲要（2016—2020 年）》实施后，为进一步贯彻执行科技兴海的战略方针，加强国家对科技兴海工作的有力领导，通过整合相关资源在国家层面上成立了全国科技兴海领导小组。该小组积极引导海洋科技成果的快速转化，不断增强海洋科技的自主创新能力，使海洋产业的核心竞争力进一步增强，以海洋科技的进步引领海洋经济的增长方式。在重大项目和专项资金的支撑下，着力于推进海洋科技产业化、核心技术的研发与示范，进一步拓展海洋高新技术的应用和海洋高科技成果的实施推广。此外，为使科技兴海的效果得到充分发挥，在全国科技兴海领导小组的带领下，结合地方科技兴海规划和各地区海洋科技发展水平的现状，成立地方科技兴海机构，配合全国科技兴海领导小组开展工作，积极利用各地的海洋资源禀赋，将科技兴海的方针落到实处。

全国科技兴海领导小组的建立在一定程度上使国家海洋科技发展的重心向海洋新兴产业倾斜，对于海水淡化与综合利用产业的技术研发与成果转化给予了充分的资金支持和应用推广导向。由于海洋新兴产业是以海洋高新技术为首要特征的产业，是为贯彻科技兴海规划实施的重要战略举措，因此，尽管全国科技兴海领导小组并非是专门针对海洋新兴产业的协调管理机构，但对于海水淡化产业发展所需的技术研发起到了统筹指导作用。

2）专门的管理与协调机构。美国、英国等海洋经济发达国家成立"海洋联盟"或"海洋科学技术协调委员会"等专门机构来管理和协调海洋新兴产业的相关事宜，其主要职责包括提高公众对海洋及沿海资源经济价值的认识，加强国内技术、产品的开发，密切产业界、科研机构和大学的伙伴关系，组织有关海洋资源开发的重大经济项目和环境项目研究，协调产业发展过程中的内部矛盾等。这些机构的成立对海洋产业的统筹协调发展起到了至关重要的作用。我国应当借鉴他们的成功经验，建立一个相对完善的海水淡化产业协调体系，从中央和地方两个层面保障海水淡化产业的有序协调发展。

首先，在国家层面上，建立自然资源部领导下的海水淡化产业管理委员会，主要负责统筹考虑和统一部署涉及国家海水淡化产业的发展方向、滚动制订海水淡化产业发展规划等重大问题；统筹考虑海水淡化产业各部门的利益关系，协调各部门的关系，确保海水淡化产业综合效益的发挥。具体来说，其职责范围包括提高公众对海水淡化产业的认识，管理和调拨海水淡化产业所需资金，组织有关海水淡化产业的项目研究、评价、反馈，促进海水淡化产业技术研发与自主创新，密切产学研关系，搭建海水淡化成果转化平台以及协调海水淡化产业发展过程中的内部矛盾等。海水淡化产业管理委员会可吸纳具有丰富海洋产业管理理论与实践经验的专家、学者和行政人员作为主要成员，定期举行例会汇总一定时期内海水淡化产业发展情况并提出今后的发展意见，按时向国家海洋局汇报工作进展等。

其次，在地方层面上，沿海各地区政府也应建立海水淡化产业管理委员会，整合该地区海水淡化产业的力量，形成相对集中的管理和统筹协调机制。其主要职责包括按照国家海水淡化产业管理委员会的工作指示，制定地区海水淡化产业发展规划，安排好海水淡化产业相关的日常工作，合理配置海水淡化产业发展所需的各种资源，注意处理地区内产业发展过程中的矛盾，协调地区间海水淡化产业的发展关系等。各地区海水淡化产业管理委员会既要尽职尽责地发展好本地区的海水淡化产业，又应与其他地区海水淡化产业管理委员会协同和配合，从综合管理的大局出发保障海水淡化产业整体效益的发挥。同时，各地区海水淡化产业管理委员会要及时向国家海水淡化产业管理委员会汇报本地区海水淡化产业的发展情况，并积极建言献策，为不断完善国家关于海水淡化产业的发展方略提供依据。

在海水淡化产业发展战略的指引下，国家海水淡化产业管理委员会和各地区海水淡化产业管理委员会在国家和地方两个层面管理和协调海水淡化产业发展的相关事宜，把行政管理、海洋科技、海洋服务、人才、资金等各项工作组合为一个有机的整体，统筹兼顾整体与部分、中央与地方、产业与部门的利益关系与运作环节，最大限度地保证我国海水淡化产业的健康快速发展。

2. 建立健全海水淡化产业发展的法律法规

（1）制定海水淡化产业发展专项规划。自从国务院下发《关于加快培育和发展战略性新兴产业的决定》之后，战略性新兴产业有关的政策法规就呼之欲出。2016 年 11 月，国务院印发了《"十三五"国家战略性新兴产业发展规划》，并要求加快推进具体领域的专项规划编制工作。《"十三五"国家战略性新兴产业发展规划》已成为各个领域战略性新兴产业政策密集出台的前奏，掀起各领域战略性新兴产业规划编制的热潮。作为海洋领域的战略性新兴产业，国家海洋局也集中各方人士积极进行战略性海洋新兴产业的多方探讨，千方百计地给予战略性海洋新兴产业政策扶持与指导，截至目前，已经编制出台《海水利用"十三五"规划》《全国科技兴海规划（2016—2020 年）》《全国海洋经济发展"十三五"规划》，但至今还没有战略性海洋新兴产业专项规划。海洋新兴产业发展专项规划应着力于对战略性新兴产业培育工作进行总体部署，本着海洋新兴产业规划研究与现有的科技兴海规划等规划和战略研究相衔接的原则，在加强对海洋新兴产业分析评估的基础上，确定海洋新兴产业的范围和重点发展方向。此外，对海洋新兴产业的产业基础、资源禀赋、外部条件、发展前景等进行综合的分析与预测，并带动海水淡化与综合利用等各个领域规划的制定。

（2）建立健全海水淡化产业相关领域的法律法规。在海洋新兴产业的发展过程中，应借鉴海洋经济发达国家海洋新兴产业发展的成功经验，在宏观政策法规上，根据不同阶段的发展特点与时俱进地制定相应的法律法规，并不断纠正完善政策指导；在微观层面上，要积极制定各个领域的专项政策规划，并不断补充完善配套法规。

从世界范围来看，海洋经济发达国家海洋新兴产业的发展优势很大程度上取决于其政策法规的建立健全。各国根据自身海洋新兴产业的特点，制定国家层面的发展政策和规划来确定海洋新兴产业的发展方向和运作模式，有效地规范和促进了本国海洋新兴产业的发展。如英国的《海洋能源行动计划》、日本的《深海钻探计划》有效地引导和促进了英国海洋可再生能源产业和日本深海产业的发展。面对我国海水淡化及综合利用领域尚无专门政策规划的情况，应在宏观政策指导下建立专门的法律法规来规范和促进其自身的发展。海水淡化产业应在《国家中长期科学和技术发展规划纲要（2006—2020 年）》和《全国海洋经济发展"十三五"规划》的指导下，结合海水淡化产业发展自身特点和需求，制定海水淡化产业发展的专项法规来指导海水淡化产业的发展。该专项规划的意义不仅在于规范和促进海水淡化产业的发展，更使其在解决发展过程中遇到的问题时有章可循，为实现可持续发展奠定政策基石。

从一般法律体系的结构来看，除了有基本法律之外，还要有专门法规和配套措施，这样的结构体系才称得上层次分明，在实践中才更容易发挥出效力。在建立海水淡化产业专项法律基础上，要积极完善相关配套法规，细化对具体环节的规定，不断满足产业与时俱进的发展需要。例如，我国已发布实施《海水利用专项规划》，国务院有关部门应加快研究制定相关财税激励政策，建立和完善海水利用标准体系、市场准入标准，积极开展试点示范，并对示范项目给予一定的资金支持。同时，随着海水淡化成本的不断降低，势必要通过合理调整水价及其结构，促进海水淡化水的生产和使用。

13.2.2　技术政策

海水淡化产业是以相关海洋科技的进步为发展动力的。随着海洋科技在海洋事业发展中所起的作用越来越突出，海洋科技对海洋经济的贡献率在逐步增长，海洋科技将引领新兴海洋产业的发展方向，为海洋强国建设提供技术支撑。依据《国家中长期科学和技术发展规划纲要（2006—2020 年）》对我国 2006—2020 年的科学技术发展做出的规划与部署，结合国家"自主创新、重点跨越、支撑发展、引领未来"的科技方针，以技术创新为主线，从基础和应用研究、技术研发与自主创新、技术装备、科技成果转化、知识产权保护以及国际合作等角度构建我国海水淡化产业的技术政策，借以推动海水淡化产业的可持续发展。

1. 重视基础研究和应用基础研究

基础研究是科技发展的源头和动力，是科技进步的持续驱动，应用基础研究和应用研究是科学技术转化为现实生产力的助推器。在国家大力发展海洋经济、注重海洋科技创新的政策指引下，加强海水淡化的基础研究和应用研究，不断挖掘海水淡化科技自主创新的潜力，对于海水淡化产业的发展发挥着极大的基础性作用。作为新形势下贯彻"科技兴海"的重要举措，海水淡化产业的发展要以科技基础和应用基础研究为前提。

海水淡化产业的基础和应用基础研究应围绕海水淡化工艺、关键技术、集成装备、水质安全、生态环保等相关领域中的重大和前沿科技问题，不断突破相关基础理论和技术方法，逐步提高海水淡化产业的科技贡献率，为海水淡化产业逐步成为海洋经济发展的中坚力量奠定基础。随着研究手段和水平的不断提高，在海水淡化工艺、淡化水健康风险、关键技术装备、浓盐水排放生态环境影响等海洋科学基础理论研究方面要有所深入，应在海水淡化关键设备研发、集成技术装备研发等关键技术领域开展科技攻关和成果应用研究，为海水淡化产业的发展提供技术支持。积极开发海水利用工程技术，加强对海水淡化和化学元素提取技术的应用研究。

2. 加强技术研发与自主创新

（1）加大海水淡化关键技术与核心技术的研发力度。技术研发是从科研到生产的中介和桥梁，是科技成果产业化过程中的中心环节，技术研发的成功与否直接影响技术创新能力的高低。对于随海洋科技进步而发展的海洋新兴产业来说，关键技术与核心技术的研究开发能力一定程度上决定了海洋新兴产业的起点。因此，要积极加大对海水淡化关键技术与核心技术的研发力度，为海水淡化产业的科技自主创新奠定良好的基础。在海水淡化与综合利用方面，要重点开展大型海水淡化技术与产业化研发，创研可规模化应用的海水淡化装备和膜法低成本淡化技术及关键材料，聚焦海水直接利用和海水淡化技术，重点研发海水预处理技术、浓盐水综合利用技术、气态膜法浓海水提溴产业化技术、浓海水制取浆状氢氧化镁规模化生产技术、浓海水提取无氯钾肥产业化技术等，适时开展对海水稀有战略资源的提取利用技术研究。

（2）增强科技自主创新能力。随着科学技术的日益进步，当今世界各国的竞争归根结底是科技的竞争。然而，科技的竞争不仅来源于当前科技的发达程度，更多地取决于科技的自主创新能力。我国历来注重科技的自主创新能力，2004 年中央经济工作会议和 2005 年中共中央政治局会议都把自主创新能力作为一项重要任务来抓，并将其作为"十一五""十二五"和"十三五"期间海洋经济工作的重心。在《中共中央关于制定国民经济和社会发展第十三个五年规划的建议》中，更是强调增强自主创新能力，以科技的进步不断推进经济增长方式的转变。因此，要从发展海洋新兴产业的角度出发，继续深入贯彻"科技兴海"战略方针，积极提升海水淡化产业的海洋科技自主创新能力，使其成为加快海洋产业结构调整和海洋经济增长方式转变的重要推动力，大力提高海水淡化产业科技原始创新、集成创新、引进消化吸收再创新能力。

增强海洋科技的自主创新能力，是在海洋领域贯彻《中共中央国务院关于实施科技规划纲要增强自主创新能力的决定》的积极举措，是"十三五"时期发展海洋新兴产业的必然要求。要根据《全国科技兴海规划（2016—2020 年）》的指示精神，实现海洋科技的自主创新要优先推进海洋科技的集成创新，增强海水淡化与综合利用技术集成能力。在海水淡化和海水综合利用领域，重点开展产业技术集成研发，水电联产、热膜联产等多种技术集成是主要发展趋势。水电联产主要是指海水淡化水和电力联产联供。目前，将海水淡化工程与发电厂相结合，利用电厂余热回收淡水和进行后续卤水综合利用，正在成为国际关注的热点。海水淡化排出的浓海水，具有已提取上岸、净化、2 倍浓缩、水温和排出量基本稳定等特点，将其直接用于盐业的制卤生产，可使制卤周期缩短，节约土地资源。在此基础上，采用新技术分别提取浓海水中的溴素及镁、钾、钙盐，最终将浓海水的氯化钠资源转化为符合生产两碱（纯碱、烧碱）的液体盐。热膜联产主要是采用热法和膜法海水淡化工艺相联合的方式，满足不同的用水需求，降低海水淡化成本。热膜耦合海水淡化及多种海水淡化的技术组合和集成已显现出发展的生命力，具有清洁、廉价等优势，有望在海水淡化能源中得到进一步应用。技术的集成创新旨在综合利用多种技术提高资源的使用效率，达到多维的收益，在降低了成本的同时保护了生态环境，符合低碳经济的发展理念，具有很强的适用性和可行性。在海水淡化和综合利用产业的发展中，增强以技术集成创新为主的自主创新能力，对于发挥其社会效益、经济效益和生态效益大有裨益。

3. 注重技术装备的升级换代

海水淡化及综合利用产业的发展对技术装备有很高的要求。尽管近年来海水淡化产业科技水平有了一定程度的提高，但主要的技术装备依赖进口的局面没有得到根本性的改变，海水淡化及综合利用技术装备远落后于发达国家，大大削弱了海水淡化产业发展的物质支撑。为更好地促进海水淡化产业科学技术的发展，必须尽快更新换代技术装备，以先进的技术装备为海水淡化产业的科技进步提供坚实的物质保障。在海水淡化装备方面，围绕海水淡化产业带建设、大规模海水淡化工程实施、海水利用示范城市建设，大力发展各类海水淡化装备：巩固发展中空纤维（UF）超滤膜组件，大型海水淡化、苦咸水淡化装置，反渗透海水淡化装置、膜分离及水处理装置等产品；发展低温多效蒸馏法海水淡化装备、膜法海水淡化关键装备、膜法海水淡化成套设备；研发高性能反渗透膜、能量回收装置、高压泵、高效蒸馏部件等海水淡化装备配套产品；开发可规模化应用的海水淡化热能设备、海水淡化装备和多联体耦合关键设备。

4. 加快科技成果转化

技术创新的最终目的在于科技成果的商品化，而将科技成果转化为现实生产力的关键在于产学研的紧密结合。十九大报告明确提出要"建立以企业为主体、市场为导向、产学研深度融合的技术创新体系"。"十三五"期间，进一步加大力度服务海洋新兴产业的发展，将加快科技成果的转化作为建立技术创新体系的实施重点，在解决制约海水淡化产业发展壮大的关键性和紧迫性技术问题的基础上，促进海水淡化及综合利用领域一批先进科研成果尽快转化应用，助推海水淡化产业的发展。

（1）构筑科技成果转化的公共平台。要实现海水淡化产业科技成果的快速转化，首先要找到产学研结合的动力，即要取得产学研各主体目标和根本利益的一致。目标与利益的一致性需要构筑集信息交流、供求协调等于一体的公共服务平台，考虑多方利益，将海水淡化产业的产学研有机结合起来，通过互通有无、优势互补达到加速科技成果转化的目的。

首先，要搭建好便于产学研交流的信息网络平台。科技成果转化需要企业、科研院所与研发部门的沟通协作，信息畅通是加速科技成果转化的有效途径。要在海水淡化与综合利用领域搭建完备的信息网络平台，定期汇集生产企业提供的技术攻关难题和市场需求信息，经加工整理后及时传递给有关科研院所，科研院所进一步研究后指导研发部门研发符合生产企业需要的产品；科研院所和研发部门也要定期向生产企业发布科技成果信息，以便企业结合市场需求选择可以尽快商品化的科技成果。利用计算机网络及其他现代化信息传输工具确保科技信息的传递及时、准确、高效，保持海水淡化产业的信息渠道畅通。其次，搭建企业之间和企业与高校、科研院所之间的供求关系平台。要加强技术经纪人队伍及各种中介服务机构的建设，为科技成果的供需双方提供可靠的中介服务，保证双方的有效合作和应有法律权益。特别是政府要加强对技术市场的宏观管理和指导，加大力度，组织协调人才、金融及各生产要素市场与技术市场的紧密结合。最后，要建立一个管理体制完善的、法律法规健全的技术服务平台。该技术平台，一方面要实行开放服务，为行业提供海洋技术成果工程化试验与验证的环境及相关技术咨询服务，通过市场机制整合科研资源，使所形成的海水淡化技术成果实现技术转移和推广，推动建立海洋高技术联盟；另一方面要建立技术市场准入机制，建立技术项目评估规范的评审专家咨询队伍，避免伪劣技术进入市场，提高上市技术项目的水平，保障海水淡化产业科技成果转化的有效性。

（2）建立科技成果示范基地。作为海水淡化产业技术创新体系中的重要一环，科技成果的推广、扩散和渗透程度从一定程度上决定了转化率和转化速度。因此，建立以大学、科研机构为支撑，以企业为主体，海水淡化产业科技成果不断聚集和壮大的示范基地，是加速海水淡化高技术成果转化的重要措施。在全国范围内，选择在海水淡化与综合利用产业发展中具有雄厚基础和较强研究能力的地区，以政府宏观规划和政策引导为导向，充分发挥市场配置资源基础性作用，按国际一流园区的标准，尽快构建我国海水淡化与综合利用示范基地，以此促进高层次人才、研发资金和高新技术向园区集聚，形成从基础研究、技术研发、产业化到规模化发展的海水淡化产业链体系和产业集群，形成以点带面的示范带动效应，以引领我国海水淡化产业的发展。国家海水淡化装备产业基地的建立能够承担国家级海水淡化及综合利用装备研究、开发、产业化、海洋信息交流等方面的重大任务，大大提升装备技术领域的研发水平和创新能力，缩短与发达国家在该领域的差距，改变我国海水淡化技术装备依赖进口的现状。海水淡化产业示范基地的建立，搭建海水淡化技术成果展示和交流的平台，促进转化推广及产品推介对接洽谈，在加快科技成果转化的同时，势必为我国蓝色经济的发展创造巨大的直接经济效益和社会效益。

（3）建设高技术产业园区。随着海洋产业经济的进一步发展，国内外纷纷创办高科技产业园来加速高新技术成果的转化。许多发达国家借鉴创建科技工业园的成功经验，兴办了一些"海洋科技园"，使之成为发展海洋高技术产业的"孵化器"，以促使海洋科技成果转化为现实生产力。其中，美国在密西西比河口区和夏威夷州开办的两个海洋科技园是海洋高新技术园区的成功典范，两者虽侧重点不同，但都致力于积极发展海洋科技，不断提高海洋高技术产业的竞争力，开拓海洋高技术产业的发展空间。另外，位于美国得克萨斯州的三角海洋产业园区、位于北卡罗来纳中心海岸的佳瑞特海湾海洋产业园等，也是以海洋高技术的研发与推广为基本支撑，将海洋生物技术、海洋能源开发技术作为核心技术不断辐射相关海洋产业的发展区域，形成以海洋高新技术为重心的先进示范园区，对美国占据海洋经济发展的优势地位起到了积极的推动作用。国内，天津塘沽海洋高新区、青岛海洋高技术产业基地以及深圳市东部海洋生物高新科技产业区都在促进高技术成果转化方面取得了良好的效果。

国内外海洋高新技术产业园区成功开设，为海洋新兴产业园区的建立起到了良好的示范作用。以高新技术为主要特征的海洋新兴产业应在吸收海洋科技产业园成功经验的基础上，结合自身的特点，建设独具特色的海洋新兴产业园区。首先，海洋新兴产业园区应该是一个与时俱进的以海洋科技为核心竞争力的综合性园区，是一个打破地域限制的海洋新兴产业园区。它应在海洋科技实力较强、对外开放程度较高、对海洋高新技术有一定消化吸收能力的沿海开放区域，依托区域的海洋科技实力和各类园区资源基础而发展起来，被赋予特殊的经济管理权限，属于海洋科技特区的管理模式。其次，海洋新兴产业园区要以国家海洋新兴产业规划为指导，突出海洋高新技术特色，重点推进海洋生物医药产业、海水淡化与综合利用产业等海洋产业技术创新，对引进的海洋高新技术进行吸收、消化和创新，将海洋科技研发孵化和科技成果转化作为园区的最基本功能。此外，在注重海洋新兴产业科技成果孵化的同时，将海洋新兴产业园区作为传统海洋产业的技术辐射源，建立强大的技术创新体系，推动整体海洋科技的进步。海洋新兴产业园区的突出优势在于统筹考虑海洋生物医药业、海水淡化与综合利用业、海洋可再生能源业、海洋装备业以及深海产业科技成果的转化要求，整合各类软硬件资源，进行资产重组与建构，实现综合效益的产业集聚，尽快实现海洋高新技术成果的商品化、产业化，最大限度地挖掘战略性海洋新兴产业的经济效益和社会效益。

5. 强化知识产权保护

知识产权保护是技术创新成果转化为无形资产、转化为生产力的法律基础和保障。知识产权保护作为科技创新体系的重要组成部分，是促进技术创新，加速科技成果产业化，增强经济、科技竞争力的重要激励机制。加强与科技有关的知识产权管理与保护，是提升我国科技创新层次、增强我国科技创新能力与经济竞争力的重要手段。从国际知识产权领域的发展趋势看，现代知识产权制度呈现出保护范围不断扩大、保护力度不断加强的态势，在国际科技、经济竞争中的作用不断增强。加入世界贸易组织后，我国在科技、经济领域与发达国家的竞争将更为复杂、激烈。因此，要进一步增强我国的海洋科技、经济竞争实力，必须把对知识产权制度的建设和运用放到国家海洋科技创新体系建设的战略高度上考虑，把加强海洋知识产权保护作为在海洋科技、经济领域夺取和保持国际竞争优势的一项重要战略措施。随着以海洋科技进步为主要动力的海洋新兴产业的发展，其科技创新的知识产权保护问题亟须被提到重要议事日程上来。

首先，美国重视科技创新知识产权法律保护的做法值得我们借鉴。美国完善的知识产权保护法律制度大大激励和推动了技术创新，成为技术创新推进科技进步的关键之一，形成了以《拜杜法案》为核心，包含 1980 年《联邦技术转移法案》、1982 年联邦管理预算局颁布的《关于执行联邦专利和许可政策的法规》（OMB Circular A-124）、1982 年《小企业创新发展法》、1983 年《关于政府专利政策的总统备忘录》、1984 年《专利与商标法修正案》、1989 年《国家竞争性技术转移法》、1998 年《技术转让商业化法》、1999 年《美国发明人保护法》、2000 年对发明推广者申诉的临时规章和《技术转移商业化法》等以及其他相关联邦政府行政命令在内的完善的法律法规体系。该法律体系有力地保护了科技创新成果，进一步激发了科技创新的积极性。因此，我国应出台一部专门的海洋新兴产业知识产权保护法，用来激励海洋新兴产业科技创新、保障海洋新兴产业科技成果的专属利益。该保护法应包括海水淡化与综合利用产业有关技术转移、专利与许可、商标以及技术转让商业化运作等方面的问题，并根据海水淡化产业不断发展进行修订和完善。

6. 促进国际合作与交流

美国、日本等海洋经济发达国家通过实施重大综合性海洋科学研究计划、建造一些高水平的设施和实验设备供各国科研人员共同利用、向发展中国家提供资金和技术援助等积极的合作举措，在海水淡化与综合利用各个领域实现了国际合作。相较之下，我国海洋新兴产业的国际合作尚处于起步阶段，仅实现了海洋油气业和海水淡化业的合作。从国际海洋新兴产业的合作趋势看，我国海洋新兴产业无论从合作规模还是领域上都存在较大的差距，大大阻碍了其综合效益的发挥和潜在实力的挖掘。

为顺应国际海洋新兴产业发展的国际化趋势，应切实加强国际交流与合作，提高引领发展能力。加强国际合作计划的参与和组织力度，重点扩展与北美洲、欧洲等发达国家国际著名海洋研究机构的伙伴式合作关系；构建东南亚邻国海洋科学技术合作机制，强化和建立与俄罗斯、日本、印度、韩国等周边国家区域性重点海洋研究机构的长期、稳定的合作关系。实现双边定期互访，选取一定的海域和关键科学问题，实施联合攻关。积极推进我国在海洋科学领域与非洲及南美洲第三世界国家的合作与交流，进一步提升我国海洋科技的国际知名度。在国际合作中，逐步摆脱被动参与的局面，加强项目和重大计划的设计，逐步在国际计划中增加我国海洋科技的力量，在部分优势领域实现以我国为主导的国际合作。凭借自身海洋新兴产业发展优势，实现在海水淡化与综合利用产业的各个领域的国际合作，以科技水平的全面提升引领海洋新兴产业的发展潮流。

13.2.3　投融资政策

但凡某一产业具有战略性，通常是指能够引领国家经济发展潮流，对国家经济发展具有巨大的潜在贡献率，能够体现未来经济发展趋势和科技进步的方向，但这类产业往往需要可靠的巨额资金作为坚强后盾。因此，建立多渠道的有效的投融资体制，充分调动各种类型的资金投入海水淡化产业，形成海水淡化产业投资的良性循环，是培育海水淡化产业的必要条件。海水淡化产业技术含量高、研发周期长、风险较高，更需要大量、连续的资金注入。对于海水淡化产业来说，要通过加大政府资金投入，建立多元化投融资机制，为产业发展提供资金保障。

1. 明确政府职责，加大政府投入

强大的资金投入是发展海水淡化产业的重要保障，发达国家纷纷意识到这一点，近年来各国政府投入海洋科技研究经费额度不断加大。美国在1996—2000 年投入海洋科技研究与开发的经费达 110 亿美元，2001—2005 年达到 390 亿美元，实施了一大批海洋科技研究与开发项目。日本在积极发展海洋产业的同时，注重将海洋科技投入向战略性海洋新兴产业相关领域倾斜，极大地促进了战略性海洋新兴产业的发展，并带动日本海洋科技整体水平的提高。借鉴发达国家的成功经验，在发展我国海水淡化产业过程中，应注意发挥政府在投资中的主导地位，不断加大政府投入，保证我国海水淡化产业的健康持续发展。

政府在海水淡化产业投融资制度中居于基础性地位，政府投融资应起引导、监控和辅助作用，其职能主要包括财政专项拨款，设立产业发展基金，立项融资，为资金融通提供协调、咨询服务和政策法规支持等。政府投资应以非营利性、战略性、全局性关键技术研发为主。在海水淡化产业的发展过程中，政府应着重从以下几方面体现在投融资体制中的基础性作用，不断加大资金的投入。

（1）国家应在财政预算中逐年提高用于海水淡化产业研究与开发的经费，形成一定的支持海水淡化产业发展的资金投入规模，建立专门的资金渠道；将国家自然科学基金和国家重点研发计划以及各地方的重点基金积极向海水淡化产业倾斜，从源头上给予其有力的财政支持，以形成稳定的海水淡化产业技术研发的政府资金来源。

（2）设立海水淡化产业发展政府基金，用于支持海水淡化产业发展。政府基金可分为中央政府和地方政府两个层次，中央政府及主管部门的政策基金主要用于支持海水淡化产业的关键技术领域，地方政府的基金主要用于海水淡化企业的技术创新。基金的管理应力求专业化，整体操作方式应与市场接轨，采取商业化方式运作，并保证一定的投资回报水平。

（3）政府投资主要用于海水淡化产业的试验生产和大规模生产的产业化项目，在资金分配上要集中于具备高收益率和潜在发展前途的重大项目，尤其要优先用于集成创新的海水淡化联合开发项目。

（4）在加大资金投入的同时，为海水淡化产业资金融通提供协调、咨询服务和政策法规支持，保证政府资金投入的规范性和有效性。

2. 建立多层次的资本市场体系

（1）大力发展风险投资。由于海水淡化产业属于战略性海洋新兴产业，其技术、市场、政策、利润回报都存在不确定性因素，发展具有较高的风险性，需要资本市场的支撑，特别是风险投资的支持。目前，风险投资以其风险共担、收益共享的投资特点，成为世界各国战略性新兴产业的主要融资方式。自 20 世纪 70 年代以来，美国由于风险投资的快速发展赢得了战略性海洋新兴产业科技创新的优势。相比之下，我国的风险投资起步较晚，尽管近年来我国风险投资发展迅速，但与发达国家相比仍有很大差距，再加上战略性海洋新兴产业比一般高新技术产业的投资风险更大，也很难向商业银行争取信贷资金，因而更需要借助风险投资的助推作用。因此，为了积极推动海水淡化产业的发展，大力发展风险投资势在必行。

风险投资集资金融通、企业管理、科技和市场开发等诸多因素于一体，较好地满足了海水淡化产业发展过程中的资金需求，是一种向极具发展潜力的企业或项目提供权益性资本的长期投资。首先，风险投资的方式主要是股权性投资，它靠企业资产增值后的股权转让获得收益，投资周期较长，不需定期、固定的资金偿还。其次，风险投资不仅可以给企业带来资金，而且还可向企业提供管理经验及各种信息咨询服务。最后，由于其具有灵活的退出机制，满足了海水淡化产业的融资需求，因而更具适用性，是战略性海洋新兴产业最为有利的融资方式。从我国的具体国情出发，建立完善的风险投资体系是一项极为复杂的系统工程，需要考虑多方面的因素。第一，营造有利于海水淡化产业风险投资的政策环境。实践表明，美国风险投资之所以能够蓬勃发展，最重要的因素是美国政府创造了适宜于风险投资生长和发展的政策环境。鉴于我国海水淡化产业的特点，要从风险投资资金筹集、风险投资项目的发现以及风险投资资金的退出等方面营造良好的政策环境。第二，要借鉴国际上有效的风险投资模式，并结合我国海水淡化产业发展的实际情况，构建我国海水淡化产业风险投资体系，即从风险投资的融资体系、退出渠道和外部支持系统等方面着手，建立起多元化的融资体系、灵活的退出机制和完整的外部支持系统的风险投资体系。具体来说，通过中央和地方政府拨款、民间投资、国外风险投资、大型企业和企业集团的多元化风险投资主体，公募、私募、政府单独出资、有限合伙制风险投资基金的多元化风险投资主体，以投资公司、信托投资和有限合伙的多样化组织形式来建立多元化的风险投资体系；通过公开发行上市、柜台交易和股权转让、企业并购、企业回购和清算退出来形成灵活的退出机制；通过创造良好的市场经济环境、建立完善的风险投资法律法规体系、加强海洋产业园区建设，建立强大的技术创新体系，大力培养一支高素质的风险投资人才队伍来建立完整的外部支持系统。

（2）发展多层次的资本市场融资方式。首先，抓住我国债券市场的发展契机，努力探索债券市场对于海水淡化产业发展的支持机制和形式。一是通过银行和其他金融机构发行债券，开辟海水淡化产业最直接的外源性债务融资渠道；二是政府出面设立企业担保投资公司，让海水淡化企业发行企业债券，进行直接融资；三是继续完善我国高新技术园区债券发行机制，不断创造条件扩大其发行规模；四是加快债券品种创新，尤其是促进有条件的海水淡化企业增加可转换债券的发行。其次，要充分重视证券市场对海水淡化产业发展全过程的支持作用：一是要加大主板市场对海水淡化企业的支持力度，充分利用国外市场，努力为海水淡化企业在海外上市创造便利条件，大力支持企业在海外市场融资；二是注重二板市场、三板市场对创新型中小企业的融资作用，发挥以创业板市场为核心的多层次支持作用。积极推动目前正处于研发或创业阶段的海水淡化中小企业，在创业板市场和三板市场中的直接融资。最后，利用期货合约、期权合约、远期合同、互换合同等金融衍生工具为海水淡化产业融资，做好积极的资金储备。

3. 完善银行间接融资体系

（1）创新商业银行经营理念。积极引导各类商业银行开展针对海水淡化产业的差别化和标准化服务。一是促进各类贷款担保机构的发展，进一步完善多层次的信用担保体系，建立和完善符合科技企业特点的知识产权担保制度。二是进一步强化财政贴息的作用，将对科技企业贷款贴息置于非常重要的位置，扩大财政贴息的规模，改进和完善贴息管理操作。三是银行在对海水淡化产业相关企业提供贷款支持时实行差别利率政策，相关企业的贷款利率可以低于其他企业的利率。四是开展透支或贷款承诺业务。透支或贷款承诺实际上是金融机构与借款人之间的远期合约，通过特定的合约条款，能在一定程度上减少金融机构与借款企业之间的信息不对称问题，有助于金融机构加强放贷后的事后监督；同时在一定程度上，可以减少企业获得贷款后的道德风险。因此，应当扩大银行业务范围，鼓励金融机构向信用好的中小高新技术企业提供授信贷款服务。

（2）进一步完善政策性金融支持体系。

1）加大政策性银行的融资力度。随着高新技术在国民经济发展中的作用不断增强，国家正在逐步加大对自主创新的支持力度，规定在政策允许范围内，引导政策性银行对重大科技专项、重大科技产业化项目的规模化融资和科技成果转化项目、高新技术产业化项目、引进技术消化吸收项目、高新技术产品出口项目等提供贷款，对高新技术企业发展所需的核心技术和关键设备的进出口提供融资服务。国家开发银行向高新技术企业发放软贷款，用于项目的参股投资。中国进出口银行设立特别融资账户，对高新技术企业发展所需的核心技术和关键设备的进出口提供融资支持。中国农业发展银行对农业科技成果转化和产业化实施倾斜支持政策。以海洋高新技术为主要依托的海水淡化企业可借国家政策的东风，积极向国家开发银行、中国进出口银行和中国农业发展银行争取融资支持，在项目贷款、核心技术和关键设备的进出口以及科技成果转化等方面获得长期的专项资金注入，以保证企业的正常高效运转。

2）成立科技发展银行。为了进一步拓宽海水淡化产业的融资渠道，许多发达国家纷纷设立科技发展银行（又称实业发展银行）来提供创新型高技术企业所需的金融服务。例如，加拿大政府设立的实业发展银行是加拿大的政策性银行，主要为中小企业提供商业银行不愿经营的小额贷款、高风险贷款、知识型企业贷款，其风险投资项目是专为促进中小型创新型高技术企业发展而设立的一项专款专用基金项目。2008年，为了支持加拿大风险资本产业，促进加拿大创新型公司的可持续发展，加拿大政府通过加拿大实业发展银行提供了3.5亿美元，来扩展风险资本的活动，包括直接投资在公司中的2.6亿美元和间接投资在加拿大风险资本领域内的9000万美元。这种积极的融资方式有效地缓解了加拿大战略性海洋新兴产业高新技术企业资金的短缺，极大地促进了海水淡化产业关键技术的自主研发和不断创新。

我国关于建立科技发展银行的动议由来已久。2004年科技部就提出了成立政策性科技发展银行以支持我国高新技术产业发展的建议。随着战略性新兴产业的提出，科技创新、增强自主创新能力被提上了议事日程，成立科技发展银行更成为支持战略性新兴产业发展的一项重大举措。鉴于科技创新存在着很大的不确定性和巨大的外部溢出效应,科技发展银行应该定位在政策性银行上,是科技与金融创新紧密结合的政策性金融机构,主要针对科技型中小企业、高新技术园区和国家重大科技专项提供投融资的金融服务。对风险较大的海水淡化产业高科技项目,一般的商业银行不愿承担风险,急需科技发展银行从资金上给予政策性扶持,在海水淡化产业技术创新上给予资金支持,有力促进海水淡化产业高新技术成果的孵化。

4. 吸引外资参与,合理利用外资

随着海洋科技合作与交流的不断深入,战略性海洋新兴产业的国际化趋势日益明显。利用银行借贷、外商直接投资、国内证券市场融资、境外证券市场融资等多种渠道吸引国外资金,包括国际组织和外国政府的优惠贷款、赠款,境外企业的直接投资等,参与海水淡化产业高技术项目,还可以通过采取一些优惠政策吸引一批优秀的私营企业主投资海水淡化产业,以扩大海水淡化产业的资金流入。在对外资的使用上,要采取一系列资本控制措施,使外资流入及其构成处于政府的严格控制之下,要以维护民族利益、保护民族品牌为重,在鼓励外资注入高附加值和高知识产权保护度的海水淡化产业项目时,注意合作方式、股权控制等问题,防止核心技术外流、知识产权受侵害的事件发生,最大限度地保证我国海水淡化产业的利益。

海水淡化产业作为战略性海洋新兴产业具有高投资性、高风险性以及较长的周期性,雄厚的财力支撑是实现其可持续发展的必要保证。除了加大政府投入、完善资本市场、银行间接融资、合理利用外资等融资方式外,也可将海水淡化产业相关企业高端产业技术进行转让,吸收资金;加强企业和专业化实验室的联系,适当缩短新产品的商品化过程,及时快捷地回笼资金;充分吸收民间资本,发挥民间资本的集聚效应等来广泛筹集资金,逐步形成政府投入、银行支持、企业自筹和利用外资等的多元化融资渠道。

13.2.4　人才政策

海水淡化产业的人力资源是最重要的资源,是第一位资源,是海水淡化产业发展的动力之源。海水淡化产业发展的每一步,均须通过人力资源直接或间接的参与才能实现。高质量的海水淡化产业人力资源不仅能深度开发和有效利用海洋资源,而且能够创造出新的物质资源以弥补原有的不足,因而日益成为国家参与国际竞争、增强综合国力的重要砝码。海水淡化产业随着海洋科技的发展而发展,因而需要大量高科技人才作为坚强的发展后盾。面对海水淡化产业人才储备不足、高层次人才匮乏与人才大量需求的矛盾,要

把海水淡化高科技人才的培养、引进、激励与合理使用作为一项战略任务来抓，为海水淡化产业的可持续发展奠定坚实的基础。

1. 构筑人才培养体系，做好积极的人才储备

（1）完善海洋教育结构，全面提高人才素质。海洋教育是提升海水淡化产业人才整体素质的根本手段，21世纪海洋战略的实施最终要依靠教育来实现。首先，适当发展海洋高等教育，整合高校优势资源，完善与海水淡化产业相关的专业设置，实现与其他各类海洋教育的良好衔接。在专业设置上，为适应海水淡化产业多学科交叉渗透的发展趋势，大力发展与海水淡化产业科技、经济、产业政策等领域密切相关的应用性专业和特色专业。在教育层次上，在抓好本科生教育的同时，要在研究生教育中有意识地培养海水淡化产业所需的科技领军人物和经营管理人才，注意理论知识传授的综合性和前瞻性，积极开拓学术视野，加强研究生与对应领域高层次人才的交流互动，为将来引领海水淡化产业发展做好积极的准备。

其次，要积极发展多形式、多层次的海水淡化职业教育，与海洋高等教育构成互为补充的海水淡化产业教育体系。职业技术教育的培养目标是面向海水淡化产业第一线工作的技术应用型人才。他们担负着生产劳动组织的终端功能，是海水淡化产业生产的实际操作者，对他们技术教育的成功与否直接影响海水淡化产业吸收和消化科技成果的能力，决定产业的最终收益。因此，各类职业技术学院在设置专业时要有针对性，应当准确把握当前海水淡化产业的现状和变化，掌握由其变化而引起的技术结构和专业人才结构的变化，根据技术、人才与市场的最新需求及时调整专业设置，以保证教育的与时俱进性。与此同时，为了更有效地提升海水淡化产业人才的整体素质，必须加强人文精神和综合素质的培养，包括树立高尚的科学道德和严肃的敬业精神，增强将现有的知识技能融会贯通解决实际问题的能力，提高沟通能力与团队协作意识，使其拥有与产业发展相匹配的开拓创新能力等。

（2）分层次制定人才培养方案，注重复合型人才的培养和高层次人才的选拔。要想真正实现海水淡化产业的可持续发展必须针对不同层次人才的特点制定培养方案。对于专业技术人员来说，应该是在熟练掌握海水淡化专业技术的同时，使现有的先进技术得以传承和广泛应用，并在此基础上不断改进和创新。对于从事管理工作的人才来说，开发重点是心理素质、人际交往能力、沟通协调能力等综合素质的提升，并辅之以科学的管理方法，使海水淡化产业相关管理机构更有效率地运转，使海水淡化企业的经营更具活力。只有有所侧重地激发和培养各层次人才，才能真正强化人力资源优势，使海水淡化产业的发展和人才的培养互相依托、相互促进。此外，还要根据海水淡化产业需求特点来引导和培养人才。从技术创新角度来看，应积极引导掌握高新技术的专业人才向海水淡化装备制造、关键组件材料开发等技术密集型产业流动；从经济效益角度来看，应着力培养海水淡化企业所需的具备国际化视野的经营管理人才。

此外，从海水淡化产业的发展趋势来看，要注重培养具备一专多能的适应能力、敏锐的创新能力和协调能力、富有献身精神和使命感等各种良好素质的复合型人才，并从中选拔能够把握海水淡化产业发展趋势、具有国际化价值观、站在海洋科技前沿的高层次人才。首先，应拓宽渠道，调动一切积极因素加强对复合型人才的培养：在加大教育改革、完善海洋类专业设置的过程中，引导海洋特色高校或各级海洋学院凭借雄厚的师资力量和丰富的教学资源设置复合型人才专业，从源头上解决复合型人才的供给问题；以高校的教学资源为依托，借助海洋行政机关与海水淡化企业的人力、物力支持，开展各种形式的、有针对性的培训，培养一批高素质的复合型人才；有意识地吸收中青年科技人才参与科研院所、海洋科技园区和示范基地的各大重点项目，带动复合型人才的培养等。其次，在培养复合型人才的过程中，注重选拔整体素质高、创新意识及综合能力强、有巨大发展潜力的高层次人才，包括在海水淡化产业发展过程中掌握核心技术、引领专业技术潮流、身处科技前沿的高级技术人才和把握海水淡化产业发展趋势、具有国际化发展视野、能够统领海水淡化产业发展全局的高级管理人才。

（3）有针对性地开展系统的人才培训，加强培训力度。为了更好地挖掘海水淡化产业人才的潜力，实现其自身价值的增值，要有针对性地开展系统的人才培训。所谓有针对性，是指针对不同层次人才的特点，在培训内容、培训方式等诸多方面的侧重点要有所不同。以海水淡化产业经营管理人才的培训为例，应以拓展训练为主要方式着力培养其国际化经营理念和海水淡化企业的综合管理能力，而不是侧重专业技术的培养。所谓系统，是指培训不仅注重某一工作岗位专业知识、技能模块的总结、梳理，更要重视对海水淡化事业总体价值观的培养，高质量地激发员工的积极性和创造性，激发培养员工的个人责任心和海水淡化事业荣辱感、效益观与协作精神等，并通过培训将其融入实际工作中去，从而更出色地完成工作并有所创新。

另外，针对当前海水淡化产业人才培训方式单一、积极性不高的现状，应采取多种方式加强培训力度。除开办传统的培训班之外，也可以通过研讨会、出国考察等方式拓展海水淡化产业的人才培训模式。更为重要的是，要从培训的根本目的出发，善于营造学习氛围。注重进行自主学习和培训，通过海洋系统内部的互联网以及其他现代化知识平台实现各种资料和数据的共享，以海水淡化产业业务知识的全局意识进行跨部门学习，增强知识和技能的融会贯通能力；加强海外人才引进与内部人才交流，不断激发人才的创新意识和创新能力，使人才在优势互补中取得共同进步。总之，要构建海水淡化产业人才培训网络，形成培训全程优化的信息网络，创新培训模式，增添人才发展的后劲。

2. 加大人才引进力度，促进人才的国际合作与交流

在加强本土海水淡化产业人才培养的同时，还要积极从国外引进一批海水淡化与综合利用产业专业技术和管理的高层次人才，特别是海水淡化高新技术人才和具备国际化经营素质的海水淡化企业管理精英。人才的引进一方面可以为海水淡化产业充实人才队伍，弥补国内培养力量不足所造成的专业人才缺口；另一方面也为海水淡化产业的科技创新与经营管理注入新鲜血液，有利于吸收国外海水淡化产业的先进技术和管理理念，更好地为海水淡化产业的发展积聚力量。此外，要鼓励海水淡化产业的科研骨干赴国外相关机构进修访问和参加高级研讨班等学习交流，鼓励和支持海水淡化产业的专业技术人才和经营管理人才到国外相应的生产和经营机构参观考察，通过开阔视野、互动交流，尽快造就一支具备跟踪国际科技前沿、参与国际竞争与合作能力的创新人才队伍，加快海水淡化产业化发展的人才队伍建设，重点培养一批掌握核心技术、引领海水淡化产业未来发展的领军人才及其相应的科技研发团队，促进海水淡化产业的长足发展。

3. 建立人才激励机制，引导和促进人才的创新

研究表明，人员潜力的发挥与受到有效激励的程度有很大的关联度，如果受到充分的激励，他们的潜力可以由20％～30％的一般水平上升到80％～90％的较高水平。可见，要想充分促进海水淡化产业人才能力的发挥，必须建立全方位的人才激励机制。从物质层面上说，要把考核结果与奖惩、职级升降以及工资调整紧密结合起来，按照对企业贡献的大小拉开收入档次以及奖金、福利的分配等级，强化工资分配对人力资源的基础性激励作用。从精神层面上讲，要根据需要理论中对人尊重、自我实现等精神层面的追求，运用情感激励、赏识、责任感、成就感等精神激励对工作绩效发挥更持久的促进作用。另外，要善于引导每个员工在企业整体目标下设定个人目标，把个人发展和企业的发展、个人理想和企业长远目标紧密结合起来，建立同时满足企业和个人的双重发展的激励机制；重视工作过程本身提供的趣味性、挑战性以及员工从工作中获得的愉悦与成长的享受。归结起来，就是要把物质激励和精神激励相结合、外在激励和内在激励相结合，从物质、精神、目标、工作等各个方面进行有效激励，最大限度地调动人才的积极性。

4. 优化人才结构，建立合理的用人机制

人才可持续发展的实现需要从年龄、专业、学历等各方面优化人才结构，逐步建立人才调整与海水淡化产业发展相协调的动态机制。国内外经验和人才本身的成长规律都表明，中青年人才是海水淡化产业发展的中流砥柱。为夯实海水淡化产业发展的人才基础，要通过在工作实践中培养锻炼中青年人才，鼓励青年人投入到艰苦复杂的环境中磨炼自己；还要通过共同承担国家重点项目，利用老员工的经验优势促进青年工作者尽快提高业务素质和科研能力，以全面的知识和技能担负起海水淡化产业发展的重任；通过调整专业设置和整合各类资源，培养一批满足海水淡化产业发展的高层次技术人员和管理人员，并在学历上形成较佳的层级结构。根据海水淡化产业发展的实际需要，最终形成以高学历、高层次的行政管理人才和优秀企业家为领导，以中青年学术带头人和科研骨干为中坚力量的梯次人才队伍结构。

实现海水淡化产业人才可持续发展的另外一个重要环节是要通过建立合理的用人机制来留住人才。首先要构筑良好的用人环境。以科学发展观为指导，树立以人为本的用人理念，重视人才的自身价值，形成尊重人才的良好氛围；让员工把所在单位作为自己生活和一生事业的依托，感受到本单位的发展战略与人才的个人发展目标的一致性；注重完善公平竞争与激励机制，用政策杠杆挖掘人的潜力，使人才获得充分展示与提高其才能的机遇和条件，以保证其自我价值的实现和潜在价值的发挥。其次要建立科学的人力资源评价体系。通过个性特质评价、职业行为能力评价和关键业绩指标考核来恰当地量才、更好地用才，使人才的贡献得到承认，使真正优秀的、为海水淡化产业所需要的人才脱颖而出，开创人才辈出、人尽其才的局面。最后要引导人力资源合理流动。通过完善人才的保障制度来破除人才流动的体制障碍，使各类人才在市场机制的作用下完成合理的配置；制定有利于人才流动的政策，鼓励人才打破传统的就业择业观念选择更利于发挥潜力的海水淡化产业工作岗位；对于高层次人才，应提供更为灵活的聘用方式，促使其最大限度地为海水淡化产业的发展服务。

参 考 文 献

[1] 王晓楠，潘献辉，郝军，刘昱．反渗透海水淡化水的市政应用研究［J］．海洋开发与管理，2017，34（12）：77-80．

[2] 郑根江，栗鸿强，薛立波，张夏卿，王琪．海水淡化产业现状［J］．水处理技术，2017，43（10）：4-6．

[3] 朱琴，左丽明，彭锦添，单科．河北省近岸海域海水淡化取水水质适宜性分析［J］．海洋开发与管理，2017，34（07）：60-66．

[4] 魏广艳，刘怡凡，张添淳．海水淡化产业发展瓶颈与对策［J］．城市建设理论研究（电子版），2017（09）：250．

[5] 李菲．海水淡化产业须走创新发展之路［J］．浙江经济，2017（05）：42．

[6] 国家发改委，海洋局．全国海水利用"十三五"规划［J］．给水排水，2017，53（02）：5．

[7] 张夏卿，王琪．2015—2016年全球海水淡化概况（译文）［J］．水处理技术，2017，43（01）：12-16．

[8] 国务院"十三五"国家战略性新兴产业发展规划（全文）［R］．2016．

[9] 母爱英，冯盼，武建奇．京津冀协同发展中海洋产业链的构建研究［J］．河北经贸大学学报，2017，38（01）：91-96．

[10] 全国科技兴海规划（2016—2020年）［N］．中国海洋报，2016-12-20（003）．

[11] 工业和信息化部．工业绿色发展规划（2016—2020年）［R］．2016．

[12] 国务院．"十三五"国家科技创新规划［R］．2016．

[13] 刘晓琳．天津滨海新区海水淡化水利用模式的探索［J］//中国城市规划学会．城乡治理与规划改革——2014中国城市规划年会论文集（02-城市工程规划）［C］．中国城市规划学会：中国城市规划学会，2014：9．

[14] 王宏涛，李保安，刘兵．海水淡化技术现状及新技术评述［J］．盐业与化工，2014，43（06）：1-5．

[15] 徐子丹．全球规模最大的反渗透海水淡化厂［J］．水处理技术，2014，40（06）：17．

[16] 柳洲，尹喜悦，王宇星．国际海水淡化研究热点分析［J］．内蒙古科技与经济，2014（10）：50-52．

[17] 陈金婷，樊俊锋，杜亚威．海水淡化技术及发展现状［J］．天津化工，2014，28（03）：10-12．

[18] 三友攻克海水淡化技术利用全部淡水原盐资源［J］．氯碱工业，2014，50（05）：48．

[19] 洪立洋，高明宇，张建业，吕凯伟，冯蒙丽．超声波海水淡化装置的设计研究［J］．物理与工程，2014，24（02）：56-59．

[20] 杨尚宝．我国海水淡化产业发展战略规划与政策建议［J］．水处理技术，2013，39

(12)：1-4.

[21] 姜晓霞.太阳能海水淡化技术［J］.机械工程师，2013（05）：48-50.

[22] 麻炳辉，白永浩.海水淡化后浓海水工厂化制盐浅析［J］.盐业与化工，2013，42（04）：25-26，30.

[23] 钟晓红，赵喜亮，黎莹，孔德艳.从战略高度看待我国的海水淡化［J］.环境保护，2013，41（Z1）：55-57.

[24] 冯巍，来跌君.海水淡化项目管理浅析［J］.中国西部科技，2013，12（02）：91-92，70.

[25] 王静，刘淑静，邢淑颖，徐显.澳大利亚海水淡化对我国的借鉴研究［J］.海洋信息，2013（01）：55-58.

[26] 袁俊生，纪志永，陈建新，谢英惠.海水淡化副产浓海水的资源化利用［J］.河北工业大学学报，2013，42（01）：29-35.

[27] 刘骆峰，张雨山，黄西平，张家凯，张宏伟.淡化后浓海水化学资源综合利用技术研究进展［J］.化工进展，2013，32（02）：446-452.

[28] 高玉屏.我国现有技术条件下海水淡化成本构成分析［J］.水利技术监督，2013，21（01）：36-38.

[29] 赖智慧.海水淡化两道坎［J］.新财经，2013（01）：98-99.

[30] 徐赐贤，董少霞，路凯.海水淡化后水质特征及对人体健康影响［J］.环境卫生学杂志，2012，2（06）：313-319，327.

[31] 郭永清.美国政府推动新兴产业发展的机制研究——以海水淡化产业发展为例［J］.海洋经济，2012，2（06）：56-61.

[32] 杨尚宝.关于我国海水淡化产业发展规划的研究［J］.水处理技术，2012，38（12）：1-5.

[33] 李晓琼.海水淡化全成本分析及其发展前景探讨——以天津北疆电厂海水淡化项目为例［J］.再生资源与循环经济，2012，5（10）：37-40.

[34] 杨家臣，陈素宁，王宁，邓文海.海水淡化工艺及发展趋势［J］.广州化工，2012，40（20）：46-48，67.

[35] 张力."十二五"海水淡化科技规划出炉［J］.现代化工，2012，32（10）：61.

[36] 国务院办公厅.关于加快发展海水淡化产业的意见［R］.2012.

[37] 邬晓龄，黄肖容，邓尧.海水淡化技术现状及展望［J］.当代化工，2012，41（09）：964-966，1002.

[38] 刘冬林，王海锋，庞靖鹏，张旺.我国海水淡化利用模式分析［J］.河海大学学报（哲学社会科学版），2012，14（03）：62-66，91.

[39] 田俊祥，袁俊生，闫吉顺，李洪，张传斌.从渤海新区海水淡化产业看海水淡化现状［J］.科技导报，2012，30（26）：15-18.

[40] 刘淑芬，岳奇，徐伟.海水淡化产业的用海管理研究［J］.海洋开发与管理，2012，29（09）：34-38.

[41] 科学技术部，国家发展和改革委员会.海水淡化科技发展"十二五"专项规划［R］.2012.

[42] 未来五年中国海水淡化产业发展目标［J］.水泵技术，2012（04）：50-51.

[43] 沈镇平.2012年沙特阿拉伯海水淡化量将突破12.7亿 m³［J］.工业水处理，2012，

32 (08)：78.

[44] 宋维玲. 解读"十二五"时期海水淡化产业发展难题——以天津市为例 [J]. 海洋经济，2012，2 (04)：30 - 34.

[45] 刘松柏. 充分认识发展海水淡化产业的重要性紧迫性 [J]. 港口经济，2012 (07)：29 - 30.

[46] 刘晓华，沈胜强，罗建松，杜宇，张小曼. 水电联产低温多效蒸发海水淡化系统优化研究 [J]. 大连理工大学学报，2012，52 (04)：492 - 496.

[47] 郑秀亮. 我国海水淡化产业的喜与忧 [J]. 环境，2012 (07)：10 - 12.

[48] 周斌，姜宏川，褚加志，刘伟，殷学博，刘淑君. 胶州湾湾口海域海水淡化取水水质分析 [J]. 海洋通报，2012，31 (03)：302 - 307.

[49] 王生辉，赵河立. 中国海水淡化产业发展环境及市场展望 [J]. 海洋经济，2012，2 (03)：18 - 21.

[50] 张达，张琨. 海水淡化技术进展及能源综合利用 [J]. 节能，2012，31 (06)：10 - 14.

[51] 李爱斌，王瑾，韩宏大，孙宝伶. 天津市海水淡化产业的发展与展望 [J]. 科技资讯，2012 (17)：227.

[52] 聂鑫，龙潇. 海水淡化浓海水用于电解制氯试验 [J]. 中国电力，2012，45 (06)：59 - 63.

[53] 陈侠，马俊涛，周秀云，于博. 海水淡化浓盐水石灰法制备氢氧化镁的研究 [J]. 盐业与化工，2012，41 (05)：27 - 30.

[54] 曾辉，王永青. 吸附式海水淡化技术及其研究和发展状况 [J]. 机电技术，2012，35 (02)：136 - 139.

[55] 刘冬林，王海锋，庞靖鹏，张旺. 进一步发展海水淡化产业的制约因素和对策建议 [J]. 水利发展研究，2012，12 (04)：20 - 23，27.

[56] 高波，麻兴斌，孟庆才. 提高海洋资源利用效率与海水淡化成本测算 [J]. 山东社会科学，2012 (04)：67 - 70.

[57] 张一兰，罗浩，戴日成，沈海滨. 海水淡化产业现状及未来发展 [J]. 世界环境，2012 (02)：74 - 75.

[58] 段焕强，谈探. 中国海水淡化产业现状与趋势 [J]. 水工业市场，2012 (03)：29 - 33.

[59] 蔺智泉. 海水淡化对海洋环境影响的研究 [D]. 青岛：中国海洋大学，2012.

[60] 王永青，何宏舟. 海水淡化系统的性能优化与评价准则 [J]. 化学工程，2012，40 (02)：66 - 69，78.

[61] 陈航，王跃伟. 环渤海地区海水淡化对海洋环境的影响分析 [J]. 海洋信息，2012 (01)：40 - 43，47.

[62] 冯丽霞，杨军波. 从战略成本管理角度重新测算火电企业海水淡化成本 [J]. 财会月刊，2012 (05)：86 - 88.

[63] 赵欣. 海水淡化技术方法及应用 [J]. 科技创新与应用，2012 (03)：66.

[64] 付健，王亦宁，钟玉秀. 关于我国海水淡化利用管理体制的思考 [J]. 水利发展研究，2012，12 (01)：6 - 10.

[65] 杨尚宝. 我国海水淡化产业发展战略探析 [J]. 宏观经济管理，2012 (01)：32 - 34.

[66] 申屠勋玉，孟友国，赵丹青，王奕阳，项雯. 海水淡化技术简介及应用现状 [J]. 水工业市场，2011 (12)：41 - 46.

[67] 杨尚宝. 关于我国海水淡化产业发展的战略思考 [J]. 水处理技术，2011，37 (12)：1-4.

[68] 李楠，孙文策，张财红，史玉凤. 海水淡化剩余浓盐水灌注太阳池研究 [J]. 大连理工大学学报，2011，51 (06)：788-792.

[69] 阮国岭. 海水淡化产业的中国特色 [J]. 高科技与产业化，2011 (11)：40-43.

[70] 张于. 海水淡化技术以及我国发展现状 [J]. 中小企业管理与科技 (下旬刊)，2011 (09)：68-69.

[71] 赵旭雯. "十二五"海水淡化产业利好 国内企业积极布局 [J]. 水工业市场，2011 (09)：24-28.

[72] 汪焕心. 全球海水淡化及水再利用的市场前景十分广阔 [J]. 广州化工，2011，39 (15)：1-3.

[73] 张兴刚. 我国海水淡化出路在于走盐化工路线 [J]. 化工管理，2011 (08)：55-56.

[74] 陈丽芳，刘同慧，詹志斌，陈侠. 海水淡化浓盐水等温蒸发过程硫酸钙析出规律研究 [J]. 盐业与化工，2011，40 (04)：16-20.

[75] 吴水波，赵河立，邵天宝. 我国海水淡化行业标准化现状分析 [J]. 给水排水，2011，47 (06)：123-127.

[76] 中国海水淡化工程市场发展现状 [J]. 水泵技术，2011 (02)：51-52.

[77] 侯勇，王桂华. 海水淡化技术现状与发展 [J]. 吉林电力，2011，39 (01)：8-10，14.

[78] 张岩. 海水淡化是解决全球水资源短缺问题的有效途径——以色列南部阿什克隆海水淡化 (Ashkelon) 项目简介 [J]. 中国冶金，2011，21 (02)：49-51.

[79] 李长海，张雅潇. 海水淡化技术及其应用 [J]. 电力科技与环保，2011，27 (01)：48-51.

[80] 马学虎，兰忠，王四芳，李璐. 海水淡化浓盐水排放对环境的影响与零排放技术研究进展 [J]. 化工进展，2011，30 (01)：233-242.

[81] 刘庆江. 大型海水淡化技术综述 [J]. 锅炉制造，2010 (06)：29-32，37.

[82] 白青山. 浅谈海水淡化的发展 [J]. 科技资讯，2010 (32)：230.

[83] 周巧君，费学宁，周立峰，李婉晴. 海水淡化与水资源可持续利用 [J]. 水科学与工程技术，2010 (05)：3-5.

[84] 贾斌，陈娟浓，高林，池炳杰，刘波. 浅谈海水淡化技术及其新进展 [J]. 科技资讯，2010 (27)：4-5.

[85] 杨尚宝. 关于我国海水淡化产业发展的几点看法 [J]. 水处理技术，2010，36 (07)：1-5.

[86] 朱玉兰. 海水淡化技术的研究进展 [J]. 能源研究与信息，2010，26 (02)：72-78.

[87] 刘杰，张月红. 海水淡化技术方法及潜在负面影响浅析 [J]. 装备制造技术，2010 (05)：135-136，141.

[88] 李雪民. 主要海水淡化方法技术经济分析与比较 [J]. 一重技术，2010 (02)：63-70.

[89] 干钢，陈丽雅，杜鹏飞，张建中，刘雪梅，周倪民，张希建，王琪. 海岛一体化制水装置研究与应用示范 [J]. 水处理技术，2010，36 (04)：118-121，129.

[90] 冯厚军，谢春刚. 中国海水淡化技术研究现状与展望 [J]. 化学工业与工程，2010，27 (02)：103-109.

[91] 王世昌. 海水淡化及其对经济持续发展的作用 [J]. 化学工业与工程，2010，27 (02)：95-102.

[92] 张国辉. 海水淡化产业化发展现状与对策 [J]. 建设科技，2010 (01)：59-60.

[93] 刘勇，黄隆焜. 海水淡化在沿海电厂的应用前景 [J]. 广东电力，2009，22 (09)：25-28.

[94] 赫连志巍，巨星. 海水淡化循环经济发展路径研究 [J]. 商场现代化，2009 (27)：64-65.

[95] 刘艳辉，冯厚军，葛云红. 海水淡化产品水的水质特性及用途分析 [J]. 中国给水排水，2009，25 (14)：88-92.

[96] 葛云红，刘艳辉，赵河立，苏立永，阮国岭. 海水淡化水进入市政管网需考虑和解决的问题 [J]. 中国给水排水，2009，25 (08)：84-87.

[97] 邓润亚. 海水淡化系统能量综合利用与经济性研究 [D]. 北京：中国科学院研究生院（工程热物理研究所），2009.

[98] 郝晓地，胡沅胜，李会海. 北京水资源战略——三位一体的海水淡化生态技术 [J]. 水资源保护，2008 (06)：104-107.

[99] 安斐，陶建华. 渤海湾海水富营养化的二级模糊综合评价方法及其应用 [J]. 海洋环境科学，2008 (04)：366-369.

[100] 张百忠. 多级闪蒸海水淡化技术 [J]. 一重技术，2008 (04)：48-49.

[101] 师素粉. 铸铁材料在水环境（海水、淡水、盐水）中的腐蚀研究 [D]. 太原：太原科技大学，2008.

[102] 毛申允. 我国华北地区的水危机和海水淡化的市场前景 [J]. 电站辅机，2008 (01)：1-8.

[103] 程海燕，栾维新，王海壮. 我国海水淡化产业化的机理研究 [J]. 生态经济，2008 (02)：137-140，146.

[104] 杨洛鹏. 水电联产低温多效蒸发海水淡化系统的热力性能研究 [D]. 大连：大连理工大学，2007.

[105] 国家发展改革委环资司. 国外海水淡化发展现状、趋势及启示 [J]. 中国经贸导刊，2006 (12)：34-35.

[106] 徐广生. 全球海水淡化市场将有大发展 [J]. 水利经济，2006 (02)：3.

[107] 国家发展改革委，国家海洋局，财政部. 海水利用专项规划 [R]. 2005.

[108] 肖俊峰，郭荣波，陈吉平，梁鑫森. 固相微萃取-气相色谱-电子捕获快速富集检测海水中的有机氯农药 [J]. 分析测试学报，2005 (04)：70-73.

[109] 冯广军. 海水淡化——解决淡水资源短缺的有效方案 [J]. 华北电力技术，2005 (03)：41-44.

[110] 涂向阳. 海河流域滨海地区海水入侵防治对策研究 [D]. 天津：天津大学，2004.

[111] 王兴戬，刘国田，张守彬. 微絮凝/超滤组合工艺处理低浊度海水 [J]. 天津城市建设学院学报，2004 (01)：30-32.

[112] 丁乐群，龙昌悦，李红梅，矫庆星. 火力发电机组—海水淡化联合生产系统 [J]. 东北电力学院学报，2004 (01)：5-9.

[113] 张志红，时通. 港电的海水淡化之路 [J]. 华北电业，2004 (01)：6-11.

[114] 田蕴，郑天凌，王新红. 厦门西港表层海水中多环芳烃（PAHs）的含量、组成及

来源 [J]. 环境科学学报, 2004 (01): 50-55.

[115] 姚政, 谢勇. 非传统水资源 [J]. 净水技术, 2003 (06): 38-40.

[116] 提高海水淡化效率的防垢剂 [J]. 机电设备, 2003, 20 (5): 16.

[117] 林珍铭, 韩增林. 海水淡化对我国缓解沿海地区水资源短缺的作用分析 [J]. 辽宁师范大学学报 (自然科学版), 2003 (03): 297-301.

[118] 苏保卫, 王越, 王志, 王世昌. 海水淡化的膜预处理技术研究进展 [J]. 中国给水排水, 2003 (08): 30-32.

[119] 王世昌. 发展海水淡化产业为沿海经济区提供补充水源 [J]. 天津城市建设学院学报, 2003 (02): 73-76.

[120] 朱树中. 核能海水淡化的历史和前景 (二) [J]. 国外核新闻, 2003 (05): 29-32.

[121] 何季民. 我国海水淡化事业基本情况 [J]. 电站辅机, 2002 (02): 35-43.

[122] 曹式芳. 海水淡化技术的发展 [J]. 天津化工, 2002 (02): 6-8.

[123] 周彤. 污水回用是解决城市缺水的有效途径 [J]. 给水排水, 2001 (11): 1-6.

[124] 卢家兴. 海冰可作为淡水资源 [J]. 科学新闻, 2001 (34): 18.

[125] 刘泊东. 海水淡化设备防腐工艺的防腐研究 [J]. 天津电力技术, 2001 (Z1): 22-24.

[126] 张亚静, 吴雪妹. 膜蒸馏技术的应用和发展 [J]. 过滤与分离, 2001 (02): 16-19.

[127] 穆仲义, 郑连生. 加快海水淡化产业进程 促进沿海经济发展 [J]. 海河水利, 2001 (03): 12-15.

[128] 周少祥. 热电联产多级闪蒸海水淡化技术的理论与实践 [D]. 华北电力大学, 2001.

[129] 周海, 宋琦. 略论水资源产业化 [J]. 经济前沿, 2001 (06): 35-37.

[130] 杨育谋. 水世界 大商机 [J]. 企业活力, 2001 (04): 55-57.

[131] 杨育谋. 把"水"生意做大 [J]. 企业研究, 2001 (04): 27-29.

[132] 宋金明, 罗延馨, 李鹏程. 渤海沉积物-海水界面附近磷与硅的生物地球化学循环模式 [J]. 海洋科学, 2000 (12): 30-32.

[133] 蔡振雄, 范志贤. 膜分离海水淡化技术 [J]. 集美大学学报 (自然科学版), 2000 (01): 87-90.

[134] 解利昕, 阮国岭, 张耀江. 反渗透海水淡化技术现状与展望 [J]. 中国给水排水, 2000 (03): 24-27.

[135] 国家海洋环境监测中心. GB 17378.4—2007 海洋监测规范 第4部分: 海水分析 [S]. 北京: 中国标准出版社, 1998.

[136] 国家环境保护局. GB 3097—1997 海水水质标准 [S]. 北京: 中国标准出版社, 1997.

[137] 马士德, 谢肖勃, 朱素兰. 辽东湾海域海水 DOC, POC 及间隙水中的 DOC 分布特征 [J]. 海洋科学, 1995 (06): 46-50.

[138] 于丁一, 陈培祺, 呼丙辰. 我国膜法海水淡化技术现状与发展前景 [J]. 给水排水, 1994 (08): 15-16, 3-4.

[139] 陈凤章. 薄膜蒸馏式海水淡化技术的发展 [J]. 机电设备, 1994 (01): 3-9.

[140] 朱长乐. 美国最大的海水淡化反渗透装置简介 [J]. 科技通报, 1993 (02): 134-136.

[141] 陈培祺. 援马尔代夫 2t/h 电渗析海水淡化工程的工艺设计与调试 [J]. 水处理技术, 1993 (01): 43-47.

[142] 魏乃茂. 多级闪蒸海水淡化装置简介 [J]. 华北电力技术，1993 (01)：52 - 55.

[143] 于丁一，呼丙辰. 利用海岛地下苦咸水制取饮用水——介绍长岛反渗透淡化站 [J]. 水处理技术，1991 (01)：63 - 68.

[144] Papaefthymiou S V，Karamanou E G，Papathanassiou S A，et al. A wind - hydro - pumped storage station leading to high RES penetration in the autonomous island system of lkaria [J]. IEEE Transactions on Sustainable Energy，2010，1 (3)：163 - 172.

[145] Papaefthimiou S V，Karamanou E，Papathanassiou S A，et al. Operating policies for windpumped storage hybrid power stations in island grids [J]. Power Gener，2009，3 (3)：293 - 307.

[146] Paulsen K，Hensel F. Introduction of a new energy recovery system：optimized for the combination with renewable energy [J]. Desalination，2005，184 (1/2/3)：211 - 215.

[147] Saettone E. Desalination using a parabolic-trough concentrator [J]. Applied Solar Energy，2012，48 (4)：254 - 259.